顾　问　倪梁康　靳希平
主　编　张任之
副主编　王　俊

现象学心理学与社会文化实在

Phänomenologische Psychologie und soziokulturelle Wirklichkeit

游淙祺　著

贵州出版集团
贵州人民出版社

图书在版编目（CIP）数据

现象学心理学与社会文化实在 / 游淙祺著. -- 贵阳：贵州人民出版社, 2025. 8. -- (汉语现象学与跨文化哲学丛书 / 张伟, 王俊主编). -- ISBN 978-7-221-18890-8

Ⅰ. B84-069

中国国家版本馆CIP数据核字第2025PB8234号

现象学心理学与社会文化实在

XIANXIANGXUE XINLIXUE YU SHEHUI WENHUA SHIZAI

游淙祺/著

出 版 人：	朱文迅
出版统筹：	刘泽海
策划编辑：	辜　亚
责任编辑：	陈琳平　辜　亚
封面设计：	陆红强
版式设计：	元典文化
责任印制：	尹晓蓓
出版发行：	贵州出版集团　贵州人民出版社
地　　址：	贵阳市观山湖区会展东路 SOHO 办公区 A 座
印　　刷：	天津睿和印艺科技有限公司
版　　次：	2025 年 8 月第 1 版
印　　次：	2025 年 8 月第 1 次印刷
开　　本：	889mm×1194mm　1/32
印　　张：	9.5
字　　数：	202 千字
书　　号：	ISBN 978-7-221-18890-8
定　　价：	88.00 元

《汉语现象学与跨文化哲学丛书》总序

现象学运动是二十世纪最重要的人文思想运动之一，“回到实事本身”代表了一种现代语境下的学术态度和生活态度。由现象学运动发端，在欧陆引发的存在主义、阐释学、后现代主义思潮，在英美思想界展开的现象学与分析哲学的对话等，以及在东亚世界关注的现象学与东西跨哲学的探讨，都可被看作现象学运动的思想效应。晚近以来，将现象学作为方法拓展到人文科学的广泛研究更是方兴未艾。

汉语世界对现象学的关注肇始于1920年代，至1980年代，现象学经典开始成规模地被翻译成汉语，胡塞尔、舍勒、海德格尔、梅洛-庞蒂、萨特等经典现象学家的著作激发了汉语哲学圈的浓厚兴趣，期间涌现了一批高水平的现象学译著和专著，为汉语世界所特有的现象学研究论题和原创性理论也被不断建构。在某种意义上看，现象学的研究和译介已成为当代汉语学术的奠基性领域之一。

今天在新的时代语境下，如何从现象学中发掘新的问题视角和学术论题，如何令现象学运动焕发新的思想活力，是新一代现象学研究者的使命。我们可以从三个层次来理解今天的现象学研究：首先是作为思想经典的现象学，包括对于经典现象学家著作的编纂、翻译和阐释，汉译《胡塞尔文集》《海德格尔文集》《梅洛-庞蒂文集》《舍勒全集》《列维纳斯文集》等现象学基本文献出版为汉语现象学研究提供了坚实的文本和思想基础。如果说汉语现象学也可以被视为一场思想运动，那么经典的翻译是其中最为重要的部分之一，为汉语人文研究提供了大量的思想语汇。同时，围绕这些经典文本，近年来汉语现象学的研究也在不断拓展视域，关于现象学运动史的研究不断深入。第二个层次是作为研究论题的现象学。现象学运动为当代哲学研究拓展了很多新的研究论题，身体、情感、意向性、实存、死亡、交互主体性、生活世界等等，根本上更新了当代哲学的研究视角和范式。在汉语学界，现象学运动与汉语思想资源的结合也产生了一批新的论题，或者赋予传统中国哲学论题以全新的意义，心性、天道、物、家、亲亲等等。第三个层次是作为研究方法的现象学。自胡塞尔开始，现象学就是一种方法，而且是一种富有当代性意义的方法，与各具体学科结合，推进了社会学、心理学、教育学、文艺学、历史学、宗教学、人类学等众多学科的理论更新。

近年来，这三个层次的现象学研究在汉语学界均得到了蓬勃发展，越来越多的优秀学者加入到现象学研究队伍当中。贵州人民出版社本着难能可贵的学术眼光和理论兴趣，支持现象学丛书的出版，是对汉语现象学研究的重要支持。本丛书所选书目，既包含经典现象学研究论著的翻译，也有当今最活跃的现象学专家的代表著作，体现了世界范围内现象学研究的新进展，对于汉语学界更加全面深入地了解现象学史和现象学研究，对于中国自主知识体系建构，都具有深远的意义。

《汉语现象学与跨文化哲学丛书》编委会

推荐序言

早在一九九四年十月，当时游淙祺还是在德国念书的学生，在德国弗莱堡的街道上，他朝我走来作自我介绍，随后我们一同到啤酒屋聊了一个多小时；两年后，我收到他那本有关舒茨的优异博士论文；一九九八年年初，我受邀访问韩国，顺道台湾拜访他，并邀请他参加我在下半年于佛罗里达举办的舒茨研讨会，他的表现给大家留下深刻的印象；于是我推荐他参加隔年在东京举行的另一场舒茨研讨会。

在许多人和我的一同协助下，他开始活跃于东亚现象学的哲学以及社会科学研究的圈子。回想起来，我们一起应邀出席的会议，在日本共计三次，香港也有三次，另外在美国的俄勒冈也有一次。在这些会议场合里，他都发表了思路清楚、内容切题的论文，除此之外，我也注意到，他以友善的态度跟与会学者建立良好的关系。

过去十年来，游淙祺和我持续讨论的问题基本上有三个：关于舒茨哲学的诠释、社会科学的现象学，以及文化的差异和关系。我从他那儿学到很多。我给不出比这更高的赞赏了。

凭着这样的交情，我很乐意推荐这本书。在书中，游教授除了对当代几位学者的重要著作做深具意义的探讨，也表达了自己的思想。例如他拿萨特有关人的处境之思想，和舒茨的思想作比较（有时还涉及了一些伦理学问题）。

再者，游教授从不同的面向探讨了有关舒茨的文化思想以及文化间性的一般问题。有关文化间性这项课题，和黑尔德以及瓦尔登费尔斯一样，游教授也认为最早是由胡塞尔在其现象学著作中所提出的。

话说回来，就游教授而言，关键人物当然还是舒茨。舒茨所钻研的社会行动是种会影响他人，且产生自种种处境的行动，游教授对舒茨的这项见解有颇为恰当的诠释。除此之外，他还研究了舒茨关于“纯粹的我们关系”之观点，并且在这方面发现了舒茨早期和晚期之间微妙的差异，这是除了《社会世界的意义构成》的翻译者以外很少人会注意到的事情。

再来他还有个论题，即舒茨是否把胡塞尔超越论哲学的观点，应用到他自己的“自然态度的构成现象学”上面去。舒茨的这项宣称，游教授予以赞同，但却受到一些社会学者和存在主义学者的否定。

在游教授对其他人的观点作批判的比较和作现象学考察的背后，有着对下列这个论题的关心，即诸社群之间的文化差异该如何被解读？跟这个论题相关的问题还包括：对象如何原本是文化的，经过特定的抽象过程，显露其中的自然层面，而成为自然主义科学的基础？而文化科学学者所取决的却是具体的文化对象，进而是文化的行为、处境、扮演其社会角色的他人，以及社会文化世界等等。

然而，各文化之间的差异，究竟要如何才能加以趋近和理解呢？假使观点来自某个文化世界的范围内，那么要怎样才能够避免产生像是“欧洲中心论”（或中国中心论，诸如此类）的偏见呢？或是说，如何在各个文化世界之外，找到一个可提供我们去作比较的观点？尤其是当这些被比较文化正好也包括自己的文化的时候呢？

有关文化差异和文化间性的深入而具有原创性的研究，就呈现在这本精辟的书当中。在往后的日子里，关于这个重大课题，游教授显然还会提供我们不少新的见解吧！

美国佛罗里达亚特兰提克大学资深教授　任沛德

（Lester Embree, William F. Dietrich Eminent Scholar in Philosophy; Florida Atlantic University）

目　录

引用书名缩写

Husserl

Hua I: *Cartesianische Meditationen und Pariser Vorträge*

Hua IV: *Ideen zu einer reinen Phänomenologie und phänomenologischen Philosophie*（*Zweites Buch*）

Hua VI: *Die Krisis der europäischen Wissenschaften und die transzendentale Phänomenologie*

Hua IX: *Phänomenologische Psychologie. Vorlesungen Sommersemester*

Sartre

BN：*Being and Nothingness*

Schütz

CP I: *Collected Papers I*

CP II: *Colleted Papers II*

CP III: *Colleted Papers III*

GAI: *Gesammelte Aufsätze I*

GA II: *Gesammelte Aufsätze II*

GA III: *Gesammelte Aufsätze III*

SA: *Der Sinnhafter Aufbau der Sozialen Welt*

Relevanz: *Das Problem der Relevanz*

SL II: *Strukturen der Lebenswelt, Bd. II*

Weber

WG: *Wirtschaft und Gesellschaft*

导 论

本书原以《社会世界与文化差异：现象学的考察》为书名，于 2007 年由台北漫游者出版社首次出版（2007 年 3 月一刷，2007 年 10 月二刷）。如今以《现象学心理学与社会文化实在》为书名重新出版，旨在强调现象学心理学对于探讨社会文化实在的重要性。除此之外，为了凸显现象学心理学在胡塞尔现象学中的地位，本书特别增补了一篇 2024 年发表的文章，以显示最新的思想成果。

我的研究重点主要是分两个方面：一方面持续研究胡塞尔与舒茨的现象学心理学思想，另一方面则是从事文化哲学的研究。这两方面都可以看成是博士论文的进一步延伸。

首先就第一方面来说，在博士论文《舒茨晚期思想中的超越与生活世界》里，我利用在舒茨研究中向来未受重视的“共现”（Appräsentation）、“超越”（Transzendenz）等概念来解释舒茨晚期所发展的生活世界理论，借以展现舒茨一方面对生活世界做了不同于胡塞尔的解释，然而这项解释又是完全站在胡塞尔的概念架构上才得以完成的。简言之，舒茨与胡塞尔的不同建立在他与胡塞尔的延续关系上。舒茨的论述方式明显地显示出他对胡塞尔超越论现象学的依赖，然而在他的著作里，却一再刻意地与胡塞尔超越论现象学保持距离。舒茨这种对于胡塞尔既依赖又远离的关系颇令人费解，而舒茨对胡塞尔某些概念独特的使用方式，则使得人们在面对他的作品时感到困惑，在这样的情况下，如何在现象学运动中适当地定位舒茨便不免产生困难。这是我近年来不断思索，想要处理解决的问题。

有些社会学家刻意强调舒茨的现象学自成一格，他致力于阐发日常世界中世俗之人的基本思维或意识模式，并将这种思维模式当作前科学的经验加以描述。有些学者将舒茨与胡塞尔的关系看成是对立的，主张舒茨乃是以"社会互动论"及"哲学人类学"（philosophische Anthropologie）为基础去奠定自己的社会学现象学思想。

这些都是在我博士论文阶段熟悉的论点，但一方面当时我的论文重点不在于处理该问题，另一方面则由于当时所涉猎的材料不够充足，无法回应这个问题，因而搁置下来。然而这个问题始终萦绕于心，等待答案的来临。我想，关键在于胡塞尔的"现象学心理学"这门普遍受到冷落的学问上。在德国留学期间，我甚少听到研究现象学的学者在介绍或是讨论这门学问，以致就算舒茨在 1932 年的早期著作里就表明他所从事的就是现象学心理学，也没有引起我足够的兴趣想要一探究竟。随着环境的改变，回到台湾，当我开始接触一些从事现象学研究的学者时，我才逐渐意识到这门学问的价值，并且赫然发现它对诠释舒茨现象学心理学的重要性。除此之外，我也意识到在一般介绍胡塞尔现象学的著作里，它是如何受到忽视。我回头探索胡塞尔的相关文本，看到跟舒茨十分相近的论点，就在这样的基础上我才得以体会为什么舒茨会指出他所做的研究无非就是胡塞尔的现象学心理学，他又如何在接触《观念》第二册以后感到何等的亲切，而出现任何试图探索社会实在的现象学尝试，恰也存在于胡塞尔所提出的论点中（Schütz, 1977: 126）这样的说法来。

本书的第一部分“舒茨的社会世界理论与现象学心理学”除了包含已经发表过的单篇论文，例如：《现象学心理学与超越论现象学：从胡塞尔的脉络来看》（2006，应用心理研究，第 29 期）；《社会行动与理解：舒茨论主观意义与客观意义》（2006，东吴哲学学报，第十三期）；《人的态度：胡塞尔的人文社会科学观》（2001，揭谛（南华大学哲学学报），第三期）；《论舒茨的实质行动概念》（1999，台湾哲学研究，第二期）；等等。另外增加一篇新的论文，题为《论超越论现象学与现象学心理学之间的平行关系：现象学心理学为什么重要？》。这篇论文发表于《中国现象学与哲学评论》第三十五辑（2024 年第 2 期），旨在彰显现象学心理学在胡塞尔的现象学思想中并非仅仅是边缘性的，而是对于晚期的超越论现象学发展有着重要的影响。

如果说第一部分是对我过去长期关注的问题的一项回应，第二部分便可说是对未来研究方向的展望。我对于文化问题的哲学关注不是来自外在环境中特定的“文化”议题，也不是出自20世纪90年代以来流行于人文社会科学领域的文化风潮，而是来自我对舒茨文本的阅读，特别是他晚期思想的生活世界理论。他的生活世界观点涉及文化的问题，而且由于他重视社会群体的缘故，使得他的生活世界理论不得不蕴含文化差异的论述。虽然这个问题并没有得到舒茨本人的进一步阐述，却让我窥见现象学本身事实上触及了这个问题，不仅舒茨是如此，胡塞尔也不例外，后者的相关著述在20世纪90年代初期的欧美现象学界还曾经引起一阵讨论热潮。当然与其说胡塞尔的文化观点不见得受到每一位诠释者的肯定，毋宁说被当作批评对象的时候居多，然而就在这些批评的声浪中，也让我们感觉到，就像胡塞尔在其他问题领域的遭遇那样，人们批判他的同时，也从中汲取了丰富的养分，瓦尔登费尔斯就是其中一位典型的代表。因此我在本书的第二部分阐述了他们三人的文化差异观点。实际上，我们不能天真地以为在他们每个人身上都曾经分别提出有关于“文化差异”的理论，不仅胡塞尔没有，舒茨没有，就连瓦尔登费尔斯也没有，我用“文化差异”这个主题将他们三人串联起来，只因为我认为他们三人的论述对于人们去思考文化差异的问题都很有帮助。假使我接触到更多的现象学家，发现他们同样有助于思考这个问题的话，我也会毫不犹豫地将他们纳入我的研究范围。例如，近年来致力于文化哲学研究的现象学学者霍伦斯坦（Elmar Holenstein）便是其中一位。我期许自己将来能够在涉猎够多的现象学与文化哲学（特别是当代学者）的著作之后，构思一份“现象学的文化差异理论”来，但这显然还有很长的路要走。跟第一部分相类似之处在于，第二部分的“生活世界与文化差异：胡塞尔、舒茨与瓦尔登费尔斯”也是由几个单篇论文所组合而成的，包括《我群世界与他群世界之间：瓦尔登费尔斯论文化间性》〔（2006，哲学与文化，革新号第381期（第三十三卷第二期）〕；“Between ‘Homeworld’ and ‘Alienworld’: Waldenfels on Interculturality”（2005，Philosophy, Culture & Traditions, Vol. 3）；《文化差异之省思：论胡塞尔与瓦尔登费尔斯对我群世界与他群世界之关系的解读》〔2004，现象学与人文科学学报（香港中文大学现象学与人文科学研究中心），第一期〕；《共现与文化差异》（2003，东吴哲学学报，第八期）；“Lifeworld, Cultural Difference and the Idea of Grounding”（2002，Culture and Society: International Journal of Human Sciences, Vol.3）；《舒茨论超越、共现与多层面的生活世界经验》（2000，台湾哲学研究，第三期）。这些论文呈现出我对探索文化哲学，特别是现象学文化论述的高度兴趣。整体而言，我只能说自己不断在涉猎各式各样的研究资料，如今所呈现的成果，自己认为只不过是初步阶段的而已，只愿这样的初阶果实一方面除了当作个人进一步研究的基础，也希望抛砖引玉，让人们认识现象学的文化观点而有兴趣投入研究。

第三部分包含两篇各自独立但是主题相关的论文。这两篇论文都涉及舒茨与萨特的比较，第一篇的主题是“自由与处境”，

第二篇的主题则是“社会关系的冲突与和谐”。萨特在论及处境的含义时，把人我关系看作是处境的一个环节，所以阐述萨特的处境概念，是必然会涉及人我关系的问题的。但是为了针对“处境”的一般含义作说明，以便比较舒茨与萨特观点的异同，我不能够过度凸显人我关系这一点。反过来说，由于舒茨的思想以社会理论见长，而为了展现他在这个主题上与萨特完全不同的观点，需要另外独立一篇文章来作讨论，基于这样的考虑，我因此保留两篇论文的原始风貌，尽量不作更动。在处理第一个主题当中，我提到，舒茨晚期谈生活世界，涉及“处境”的问题，为了厘清这个概念，他提到法国存在主义的相关论述。虽然他没有指明是哪一位哲学家，但是以他当时的时代背景，也就是20世纪50年代来说，他毫无疑问是指向萨特的。事实上，萨特在存在主义的代表著作《存在与虚无》一书中，花了不少篇幅在探讨“处境”这个问题，这更使得我们有足够的理由相信舒茨心目中的存在主义者所指为何。尽管舒茨论及存在主义都有关于处境的说法，但是详细比较之后，我们可以肯定在这两种处境概念之间存在着极大的差别，一者强调人的意识可以根本地决定处境的意义，另一者则重视处境的客观面对于人的行动所产生的限制，换言之，一个看到自由，另一个则是看到自由的限制，深入探讨了舒茨的处境概念之后，我看到了这项明显的对比。然而另一方面我也认识到，缺乏萨特的处境论述，舒茨的处境概念也是不容易得到厘清的。这意味着，萨特与舒茨之间的对比对于阐明舒茨的看法是大有帮助的。这个情况放在两人对人我社会关系的看法上也是相同的。萨特将人与人之间的关系看成是相互对峙、冲突的，而舒茨则看到了人与人之间和谐共存的一面。我在第二个主题“社会关系的冲突与和谐”探讨了这个问题，并列两人的社会理论，用意正是在于借助舒茨的观点以呈现萨特对人我关系解释的片面性与偏颇性。萨特与舒茨在生前并没有实质上的互动往来，舒茨虽然曾经撰文批评过萨特对他我理论的看法，但是一般而言，舒茨与萨特的思想关系并没有在学术界获得应有的重视，我个人认为，这是一个值得开发的领域，因为无论从萨特看舒茨，或是反过来从舒茨看萨特，都可以让我们对这两种对比极为强烈的思想形态有更加深刻的认识。至于在这两个极端强烈的对比中能否发展出一种辩证综合的思想形态来，则是令人相当期待的。

第一部分

舒茨的社会世界理论与现象学心理学

一、问题之提出：如何定位舒茨的现象学思路？何谓“自然态度的构成现象学”？

如何在现象学运动中定位舒茨（Alfred Schütz）的思想？这是一个值得探讨的问题。舒茨一方面对胡塞尔现象学有所依赖，然而另一方面在他的论著里却一再刻意与胡塞尔的超越论现象学保持距离，特别是在像“交互主体性”（Intersubjektivität）这个问题上对胡塞尔作毫不留情的批判。为此缘故，舒茨对胡塞尔人格与学问的尊重到了诠释舒茨学者的手里往往显得无关痛痒，他们刻意强调舒茨的现象学自成一格，侧重回归现实世界，拥抱俗民社会，而远离超越论玄思。在为社会科学奠定哲学基础的工作里，舒茨所勠力以赴的乃是阐发日常世界中世俗人们的思维模式，将它当作前科学的经验加以描述。这项工作不必预设胡塞尔所极为重视的现象学悬搁（epoché）—— 亦即借由“超越论态度”（transzendentale Einstellung）把人们在“自然态度”（natürliche Einstellung）所深深执着的各项信念搁置一旁。舒茨的诠释者把舒茨对胡塞尔超越论态度所持的反对态度看作是“理当如此”，他们对“自然态度的构成现象学”（die konstitutive Phänomenologie der natürlichen Einstellung）之理解就是要对处在自然态度中的人们的意识结构进行描述，这是一种现象学式的本质心理学描述，而不是经验科学式的探索。在他们看来，研究者可以在不进行现象学超越论还原的情况下进行本质描述的工作，舒茨的成就在于完成这项工作。

我向来对这些诠释舒茨现象学的方式有些疑惑。这项疑惑甚至于必须回到舒茨本人身上去，因为他自己明显一再地与胡塞尔超越论现象学保持距离，另一方面几乎未曾清楚解释过，为什么他认同胡塞尔的想法，也就是超越论现象学的研究成果可以毫无疑问地运用到世俗意识领域上。他对于超越论现象学的高度依赖之理由从来没有清楚地被说明过。舒茨也许不必对此作任何的说明，假如他对任何一位他所重视的哲学家的概念之使用都是如出一辙的话，例如对祁克果（Kierkegaard）的“跳跃”（Sprung）、莱布尼茨（Leibniz）的“微知觉”（petite perception）、威廉·詹姆斯（William James）的“次宇宙”（sub-universe），又或是其他的社会学家的概念，例如库利（Cooley）的“内团体、外团体”（in-group, out-group）等不都是信手拈来，运用自如吗？舒茨不是不曾将自己划入任何一个哲学派别（Srubar, 1988: 254），所以对于他使用像“自然态度的悬搁”（epoché der natürlichen Einstellung）这一类在正统胡塞尔思想看来十分奇特的用语也不必太在意，因为重要的是舒茨究竟说了些什么，而不是那些哲学概念在原来的脉络里面具有什么样的意义。这当然是一种可能的解释，但这种解释所带来的后果是在现象学运动里我们大可忽略舒茨这个角色。尽管舒茨一再使用胡塞尔现象学的概念，但我们可以不去探讨他究竟具有什么样的现象学思想内涵。

这项看法同样让人感到不安，理由很简单，这跟舒茨的自我理解有很大出入，从他与好友古尔维奇（Gurwitsch）的书信往返里头，我们一再看到他们俩流亡美国以后是如何以传播和推广现象学为己任。这项事实表明，他不仅仅在“利用”现象学概念阐述他自己关心的问题而已，他是既认真又严肃地在使用现象学思考问题。虽然他从来不认同超越论现象学的思考模式，但这不表示他脱离现象学，而可以说他采取的是另一条现象学思路，且是他认为更加接近“回到事物本身”（zurück zur Sachen selbst）这个现象学观念的思路。在他看来，日常生活中所呈现的事物，也就是呈现在世俗意识而非超越论反省意识的事物难道不是更有资格被称为“事物自身”吗？如果这个想法是对的，那么接下来的问题是：舒茨现象学的思路该如何被定位？在下面的陈述当中，我想要指出：舒茨自己其实曾经点出他与胡塞尔现象学之间的关系，只不过这方面的叙述并没有得到普遍的重视。

舒茨自己曾经明白说过，他要从事“自然态度的构成现象学”之研究（*SA*, 56）。“自然态度”在胡塞尔的论述里与“超越论态度”相对，对于胡塞尔来说，基于自然态度本身，人们不能够形成一套哲学论述，阐述自然态度本身必须预设脱离自然态度，正如同对“生活世界”的阐述有赖于思索问题者进行现象学还原，也就是进入超越论态度那般。当然，在胡塞尔的文本当中，生活世界原则上不同于自然态度，前者的意义乃是借由超越论态度的思考而被加以肯定，而后者则仅仅是相对于超越论态度的一种面对世界的方式罢了，两者在胡塞尔的论述里甚少被混为一谈。舒茨不认同胡塞尔超越论现象学的生活世界理论，在他看来，该理论完全脱离人们的日常生活经验，如果生活世界的含义不是生活在这个领域中的人所能够明白的，而是哲学家经过苦苦思索才得到的结果，则它也失去“生活世界”的根本意旨。在舒茨的理解里，生活世界是一个平常人活动的场域，是他与物交互影响或与其他人互动的场域，在一般人的想法里面它具有最高的实在性，也就是相对于做梦、想象、宗教、艺术或是科学理论而言是如此。因为是活动的场域，所以如果要谈生活世界的特质，便是不得不带有“实用性”的，在生活世界里活动的人们生活在由各项活动目的所构成的网络里面，各种物体大多以它所具有的工具性被赋予特定价值，人与人之间的互动及沟通也往往决定于彼此所设定的目的。总之，生活世界是一个充满价值与意义的背景场域，也就是——借用胡塞尔的用语——带着自然态度的人们生活的场域。

在胡塞尔有关于自然态度的论述当中不乏类似的描述，尚未进行认知反省活动之前的人们就是如此这般素朴地生活着。自然态度有它自己的认知模态与确定事情的方式，它的实践特质导致人们沉湎于眼前的事物而未能进一步思索当下活动的意义以及所在环境的特质，这是自然态度的限制。着眼于寻找反省活动之基础的胡塞尔倡导悬搁现有信念的必要性，对于思索问题的人而言，与现有之生活实用态度的彻底决裂有着充分的必要性。但是相对而言，对于努力阐述生活在实用态度中的平常人之意识模态的舒茨而言，我们不可能远离自然态度而谈自然态度。生活世界就是采取自然态度的人从事种种实践活动的场域，自然态度与生活世界对于舒茨而言往往是相互伴随、不可分离的。（*GA III*, 163）现在我们所要提出的问题是我们如何能够阐述生活世界，也就是舒茨所致力阐述的自然态度之意识模态？关于这个问题，舒茨本人在早期的《社会世界的意义构成》（*Der sinnhafte Aufbau der sozialen Welt*）一书导论第六节曾指出，他所从事的工作无非就是胡塞尔所说的“自然态度之构成现象学”或是“现象学心理学”（phänomenologische Psychologie）（*SA*, 56; Embree, 1988: 257; Wagner, 1983: 181）依照舒茨的简要陈述，它的工作是去描述自然态度的本质结构，他说：

> 处在世俗社会世界之中，我们与现象学还原领域中的构成现象无关，反而只和自然态度的相应项（entsprechende Korrelate）有关。一旦我们在本质描述中正确地掌握到“内在时间领域中的内在时间性之问题”，我们就可以毫无疑问地把我们的研究成果应用到自然态度的现象上，此外让我们作为“现象学的心理学者”停留在“内在直观，也就是，属于心灵本质的直观”中。如此一来，我们的目标就不是建立有关内在直观领域之事实的经验科学，而是本质的科学，它所要探求的乃是心灵的不变之本属结构，或者，一

个社会心灵（精神）生活不变之本属结构，换言之，追问它们的先天性（Apriori）。（*SA*, 56）

所谓“自然态度之构成现象学”，舒茨偶尔用“意向性的心理学”（eine Psychologie der Intentionalität, *GA I*, 138; 154）来加以说明，它是一门“在心理学统觉与自然态度之中的本质而世俗的科学”（*GA I*, 154），从事着“本质研究，不处理具体实在之物而是可能想象之物”（*GA I*, 132）。

这个本质的科学一方面有别于胡塞尔的超越论现象学，另一方面也不同于一般的经验科学。（*GA I*, 138）它停留在世俗的领域，也就是自然态度的生活世界领域里，但其研究成果又具有本质的结构性。但这是怎样的一门学问呢？它是不是与胡塞尔的现象学全然无关的一门学问呢？

一般学者倾向于将舒茨与胡塞尔的关系看成是对立的，有的甚至于在此基础之上论证舒茨如何另辟蹊径，以社会互动及哲学人类学（philosophische Anthropologie）为基础确立自己的现象学思想。

在哲学界诠释舒茨的学者例如瓦格纳（Wagner）、纳坦森（Natanson）等人均分别提及舒茨的工作与胡塞尔的分歧。首先瓦格纳指出舒茨与胡塞尔的现象学哲学之关系是“间接而复杂的”（indirect and complex）（Wagner, 1984: 184），因为把现象学当成观念论的哲学（idealistic philosophy）对舒茨而言是难以接受的（Wagner, 1983: 306），他认为超越论现象学思路的效力有其限度，有必要加以修正。（Wagner, 1983: 307）舒茨的工作是构作自然态度的现象学（the phenomenology of natural attitude），本质上它是一种生活世界的社会学（a sociology of the life-world），也就是现象学心理学（phenomenological psychology）或本质心理学（eidetic psychology）（Wagner, 1983: 181; 306）。纳坦森也在他探讨舒茨哲学的专著里强调类似的观点。（Natanson, 1986: 14）另外德国学者瓦尔登费尔斯（Waldenfels）则明确表示，舒茨的工作以阐明日常生活的基本设定为主，重点是将它们不变的本质结构揭示出来，而这也是社会科学研究所重视的。（Waldenfels, 1980: 206）

社会学界诠释舒茨思想的著名学者苏鲁巴尔（Srubar）在1988年所出版的著作《人的宇宙：舒茨的实用性生活世界理论及其人类学背景》（*Kosmion: Die Genese der pragmatischen Lebensweltheorie von Alfred Schütz und ihr anthropologischer Hintergrund*）当中尝试为舒茨的思想基础进行别种尝试。在他看来，交互主体性作为一种社会世界的既存现象，其构成基础不能是在超越论意识活动之中，唯有透过社会互动才能够充分说明它是如何构成的。苏鲁巴尔相信这是透过所谓世间现象学（mundane Phänomenologie）如何不同于胡塞尔的超越论现象学之最好解释。苏鲁巴尔强调“舒茨从来不曾是某个学派的跟随者”（Srubar, 1988: 254）如果一定要说他属于哪一个学派的话，勉强地说舒茨所致力构作的乃是“哲学人类学”与“世间现象学”。他的实用性生活世界理论想要阐明的是“人如何是一个在社会中行动的个体”“他的意识模态之基本特质是什么样子”等等之类的问题。苏鲁巴尔指出，舒茨的生活世界论述提出四项基本范畴：反省性、时间性、社会性与实用性，正好可以满足哲学人类学对人的诠释所必须用到的范畴。（Srubar, 1988: 254）

从社会学的角度看舒茨的思想，社会互动的面向被刻意强调是很自然的，但是用这种方式解释舒茨的思想，特别是现象学的部分是否恰当则有待商榷。晚期的舒茨构作生活世界之结构刻意强调俗世的面向是众所周知的，他反对胡塞尔超越论现象学的思路也是明显的事实，然而刻意强调舒茨不隶属于任何一个哲学派别，借以凸显舒茨的独立性却剥夺了他在现象学运动中所扮演的角色。不仅如此，这种论述根本无法解释为何舒茨大量使用了胡塞尔现象学的概念去阐述他所关注的问题。除非我们对这些问题视而不见，否则我们还是应该尽力去寻找这个问题的答案。

早在1930年，舒茨便已经接触了当时发表于*Jahrbuch für Philosophie und phänomenologische Forschung*（*Bd XI*, 1930），而后来收录于《观念》第三册的“Nachwort zu meiner Ideen”（我的《观念》后言）这篇相当长的文章，使得他在《社会世界的意义构成》一书当中明白指出自己所从事的工作就是胡塞尔所说的“现象学心理学”或称“自然态度的构成现象学”。我相信透过舒茨自己所提供的这条线索我们可以明白舒茨与胡塞尔的现象学之间的关系。如此一来，我们也才可能明白舒茨在现象学运动中所在的位置。基于舒茨终其一生不断地阅读胡塞尔、使用胡塞尔的概念阐述他自己所关注的学术问题这项事实来看，两人之间的关系不仅仅停留在“利用”的层次而已。实际上，舒茨的整套论述如果可以称得上是现象学式的，则他的现象学思路无论如何是需要被厘清的。透过胡塞尔的“现象学心理学”我们将可以找到适当的途径。下一节我们将说明胡塞尔现象学心理学的含义。

二、胡塞尔论现象学心理学与超越论现象学的关系

（一）传统心理学与现象学心理学

虽然心理学这门学问自柏拉图以来就已经存在，随着时代的演进，到了近代心理学也有着新的发展，但是笛卡尔等近代学者都未能使心理学成为一门基础稳固的学科，原因是他们把物理学当作典范去从事心理学的研究。一味仿效物理学模式的后果是心理学不能真正地找到自己的研究起点，其成就当然也是远远落后于自然科学。（*Hua IX*, 3ff）19世纪开始心理学有了新的进展，约翰·冯·穆勒（J. von Müller）冯特（Wundt）等人发展了一种与生理学密切相关的研究取向。这个学派颇受欢迎，也逐渐取得心理学的正统地位，因为它们确实做出一些成果来，甚至发展出一些研究心理现象的技巧，借此取得与严格的物理学平起平坐的机会。（*Hua IX*, 5）当然这个学派并不是没有受到批评，狄尔泰就是其中的主要代表。

狄尔泰在1894年所出版的书《描述与分析心理学的观念》（*Ideen über eine beschreibende und zergliedernde Psychologie*）指出，近代心理学追随严格的自然科学思考模式以及原子式的物理学（atomische Physik）只会得到一些对心理现象不适切的研究成果，因为心理学对于狄尔泰来说就如同其他的人文科学，重点乃是内在经验。这种经验不是从最小而且独立的心理现象出发，再经由因果法则的联结而形成的，心理经验的特质乃是在于人有体验（Erlebnis）以及永不止息的生命流动经验。总之，心灵生命（Seelenleben）一点也不是外表显示出来的样子而已。我们正是可以从内在与外在的区别来看心理现象与自然现象的差异，对于前者我们接近的方法是理解（Verstehen），而接近后者的方法则是解释（Erklären）。例如我们如果要理解一个艺术作品，就非得从作者对生命的体验入手不可，而不是对于作者以及作品做外在观察就够了。（*Hua IX*, 11）

胡塞尔赞同狄尔泰的批评，因为他看到了当时人文科学界崇尚自然科学方法的迷思，然而这不表示胡塞尔完全认同狄尔泰的所有观点。在他看来，狄尔泰在解释心理现象上面事实上没有获得真正的突破，也就是对于心理现象的本质，狄尔泰并没能说出个所以然来。狄尔泰提出了“描述心理学”（beschreibende Psychologie），试图建立心理的“类型学”（Typologie），借此为人文社会科学提供基础，它让我们得以了解一个政治家为何会采取某一项行动，而一个艺术家又为何会创造出某一项作品，等等。胡塞尔不能赞同狄尔泰所提出来的类型学构想，因为这么做，顶多只能说明精神生命的自然历史罢了，无法把精神生命或心灵活动奠定在理性的普遍律则上。简单地说狄尔泰就是欠缺对于此一普遍律则的认识。在胡塞尔眼中，心理学的首要任务乃是要能够指出心理活动的本质（eidos）所在，也就是意识活动与意识对象的相应性（Korrelation）。某个意识活动与其相应的对象不一定要实在地客观存在着，要紧的是那个相互关联性的关系一定要成立。换言之，胡塞尔所在乎的是先天心理学（die apriorische Psychologie）（Hua IX, 50），而其核心概念就是意向性（Intentionalität）。这点正是狄尔泰所未能洞察的。

在此胡塞尔回到《逻辑研究》（*Logische Untersuchungen*）的论述里去。虽然《逻辑研究》所关心的重点在于对逻辑与数学做哲学厘清的工作，心理学不是重点，不过胡塞尔却看到《逻辑研究》的研究成果可能导引出本质心理学（eidetische Psychologie），后者正可提供经验心理学以可能性范围。之所以会如此，胡塞尔自己说，《逻辑研究》所重视的乃是“对于逻辑与数学等观念对象在某个意味底下无法分离的心理体验之描述研究。”（*Hua IX*, 24）他甚至说：

> 《逻辑研究》的真正主题以及扩大来讲整个现象学的主题可以如是观之。你们知道，这里所重视的并非观念对象，不是要在这个领域进行专门的研究。算数，数字的先天科学以及其他的数学构成乃是数学家的事。

就传统逻辑而言也不例外，只不过在那里必须事先进行净化而且指明在形式逻辑方面有着一个同样平行的，纯粹逻辑的与观念的对象存在。（*Hua IX*, 26-27）

《逻辑研究》转向对心理领域进行研究而成为描述心理学（deskriptive Psychologie）不是没有道理的。它所从事的乃是揭示“深藏于思想者的思想体验之内在直观（Innenscahu），以及相关的本质描述。”（*Hua IX*, 28）总之，研究心理现象的方法在《逻辑研究》中获得突破，这也是后来现象学发展的重要基石。胡塞尔在此要感谢他的老师布伦塔诺（Franz Brentano）所提出的“意向性”（Intentionalität）概念。胡塞尔指出：

所有心理现象的基本特质，意识是意识着什么，首度被当作焦点给提出来，而且是作为最普遍的，从内在经验的明证性之中直接获得以作为心理经验的创造性根本特质描述性地被提出来。（*Hua IX*, 31）

意向性乃是心理现象的基本特质，也是心理学的中心论题（Zentralthema），这是布伦塔诺的创见。可惜的是，布伦塔诺并未能看到这个重要概念的深刻含义，对这个概念未做进一步的阐述（*Hua IX*, 32），反而是狄尔泰，虽然他没能如布伦塔诺提出意向性作为心理现象特质的说法，在接触到胡塞尔的《逻辑研究》之后颇能认同胡塞尔的见解，以致在胡塞尔的眼中，晚

年的狄尔泰思想与现象学的精神可谓不谋而合。（*Hua IX*, 35）

胡塞尔根据意向性所展开的现象学心理学，其具体内容为何呢?

首先，胡塞尔指出一般心理学处理心理现象的方式是先将心理经验还原为意识单元，之后再借由因果法则将它们联系起来。然而胡塞尔认为意识的综合并非外在的联系而已，它们不是物理现象，所以并非只借着因果关系互相连结着，而是“一个包含着意向性的紧密结合存在，一个动机性存在，一个相互意指的决定存在，它与物理的形式和原则不能相提并论。”（*Hua IX*, 37）

反省（Reflektion）让心理活动被意识到，而与这个被意识到的领域有关的现象之学问就是现象学心理学。如前所言，它的核心概念是意向性，也就是看到意识体验都是意向性的体验。意向性具有综合统一的作用，让意识对象得以作为同一的对象，而且是以它的本质类型（Wesenstypik）呈现出来，虽然在每一个知觉活动的当下我们都只是看到该对象的某个侧显（Abschattungen）而已。同样地，意识的各种判断、评价等活动各有其本质类型。心理学的新任务就是去研究各种心理经验的及对象的基本类型。

质言之，胡塞尔的现象学心理学作为新的心理学有几项根本特质，分别是“先天性”“本质性”“直观”或是“纯粹描述”“意向性”以及停留在“自然的独断态度”（natürliche, dogmatische Einstellung），而非“哲学的超越论态度”

（philosophische, transzendentale Einstellung）。针对这一点，胡塞尔做了进一步的说明：

1.先天性意味着这个心理学所看重的，乃是本质上的普遍性与必然性，少了这些特性，心理现象就无法被辨认。

2.先天性的根源在于直观，唯有基于内在直观以及直观内容所做的分析才能得到普遍的必然性，本质绝对不能是出于臆测而来的。

3.经由以上的过程，我们将获得最为普遍的心理现象之本质——意向性。心理现象是意识的现象，而意识无非就是意识着什么（Bewußtsein als Bewußtsein von etwas）。

4.心理学家不同于哲学家，至少他们还不愿意像哲学家一般从哲学的基础出发，最后导向普遍的哲学，而是维持像物理学家、数学家或语言学家一样的身份，就是停留在自然态度之中。所有的科学活动都是在自然态度当中所进行的活动，先天科学（die apriorischen Wissenschaften）自然也不例外，因为先天科学的研究依旧是对于世界所做的研究，有关空间自然的部分，例如几何学是如此，精神心理的部分，也就是胡塞尔自己所倡导的现象学心理学也是如此。

先天的含义，简单说来就是不容挑战的形式架构，在此架构之内可以有种种的经验事实。数学往往被当作是先天科学的典范，先天心理学则未尝不可以比拟为精神领域的数学。当然这不是说胡塞尔认为数学的先天法则可以毫无保留地就直接应用到心理现象去，两者毕竟是分属于不同的范畴。

胡塞尔接着说明心理现象与物理现象之间的关系，他主张心理现象只能伴随着身体的现象一起出现。在知觉世界之中的心理与身体并非分离，两者之所以有所分别只是理论思考的结果罢了。知觉世界是所有科学的共同预设，但由这个知觉世界所构成的前理论世界与自然科学中的自然是不能混为一谈的，后者实际上预设了一些知觉世界中的原初材料。原初经验是逻辑思维的最终基础，前者指的主要是知觉经验。在经验中出现的个别事物没有一个是孤立的，它们都是出现在视域（Horizont）中。这个视域一直延伸下去，就是世界。所以说，在知觉经验中出现的东西总是离不开世界。而且，知觉经验总是以和谐的方式呈现出来，虽然偶有中断的时候，但总是限于特殊情况才会如此。最后，世界作为整体是不被怀疑的，而且世界本身具有不容轻易改变的结构，“世界是毫无疑问存在着”这样的想法乃是自然态度的典型写照。

（二）现象学心理学作为超越论现象学的预备：耿宁（Iso Kern）与克劳斯·黑尔德（Klaus Held）的诠释观点

胡塞尔一再强调，现象学心理学与超越论现象学有所区别，并且前者可视为后者之预备阶段（propädeutische Vorstufe）。（*Hua IX*, 295）有关这两者之间的关系，我们最好借由“还原”这个概念来说明。前面提到，胡塞尔在论述现象学心理学的一些文章和讲稿都提到了不同于“超越论现象学还原”（transzendental-phänomenologische Reduktion）的“现象学心理学还原”（phänomenologisch-psychologische Reduktion）。这两个还原有时候因为不容易区别而招致误解，例如胡塞尔在收录于《观念》第三册的一篇文章《我的纯粹现象学与现象学哲学观念后跋》（Nachwort zu meinen Ideen zu einer reinen Phänomenologie und phänomenologischen Philosophie, 1930）就特别指出：

> 源自事物的本质普遍而来的重大困难使得我们往往难以理解和掌握超越论现象学以及“描述”，或者人们最近常说的现象学心理学之间的区别。（*Ideen III,* 144）

前者是哲学家的工作，他必须将他自己向来习以为常的想法搁置一旁，也就是暂时放弃他作为平常世界中众人之一的那个身份。但是作为心理学家，却没有必要这么做，他所专注的对象只是人们的心理现象，为了要获得这些内在经验，他们少不了也要进行一次还原的工作，但这里所悬搁的不是作为哲学思考者所必须放弃的那个自然态度所含藏的各种想法，而是将与被研究的人之意识活动无关的一些想法或概念等搁置一旁，例如，他所经验到的是否真的客观存在，又或者他的意识活动与他的生理结构是否有关等等。研究者仅仅关心一个问题，就是这个被研究者的意识活动及其意识对象为何。胡塞尔认为唯有透过如此这般的还原程序，我们才能建立起自己的研究领域，亦即“内在直观作为心灵自身本质的直观”（*Ideen III*, 144）。它作为一门本质科学（Wesenswissenschaft）目标是得出一个心理存在或一个群体的心理存在之内在的不变结构，或者说先天性。

在《大英百科全书》“现象学”条目一文胡塞尔虽然提到现象学心理学是经验心理学的基础，但是现象学心理学作为本质心理学与经验心理学一样都是一种科学，它们都是在自然态度中进行的思考活动，所探讨的对象都是世界中的个人或团体之心理现象，都是把研究对象看成是世界中的一分子。胡塞尔说：

> 心理学在其所有经验科学和本质科学中都是“实证科学”，都是在自然观点中的科学，而在自然观点中，始终现存的世界是研究的基础。无论心理学想研究什么，它的对象都出现在这个世界中的心灵和心灵共同体中[①]。（*Hua IX*, 290）

作为现象学心理学方法的现象学心理学还原，它的作用“仅仅在于获得动物实体的心理现象，其纯粹特有本质和其纯粹特有本质性的联系”（*Hua IX*, 290），也就是说，心理学家“把可能的‘心灵’（自我主体）当作是一个可能空间世界中

① 这段翻译参考倪梁康译本，见现象学（1927）（《面对实事本身》，倪梁康主编，北京：东方出版社，2000），页95。

的、始终被视为现存的人和动物。”（*Hua IX*, 290-291）

超越论还原不同于心理学还原，它要对所有对象领域以及实证科学进行悬搁，心理之物以及相关的心理学也不例外，正如胡塞尔所言，“我们在这里将引入‘超越论还原’，它是比心理学还原高一层次的还原，心理学还原是随时都可以进行的，并且同样借助于悬搁来进行的纯化，超越论还原则是在此纯化之后进一步的纯化。”（*Hua IX*, 293）也就是它不只要求对这个世界进行普遍的悬搁，也要求把纯粹心灵和与心灵有关的纯粹现象学的心理学放入括号。通过这种方式纯粹的心理现象变成了超越论现象。简而言之，心理学家把在世界之内出现的主体性还原为纯粹心灵的主体性，而超越论现象学家则通过他的绝对普遍的悬搁把心理学纯粹的主体性还原成为超越论纯粹的主体性。

现象学心理学与超越论现象学两者之间虽然有所区别，却也有平行（Parallele）的关系。胡塞尔的观点是，当我通过彻底的悬搁而将世界，包括我的存在都设定为仅仅是现象，并且探讨在其中构成着整个对世界的统觉（Apperzeption），尤其是对我的心灵、我的心理感知体验的统觉等等的意向生活，则那种心理学的被给予性便会变成我的超越论体验。而同时，我的感知体验的内容，其特有本质则完全保留下来。他说：

> 我们因此看到被执行的现象学心理学与超越论现象学之间的值得注意的平行关系。一方面每一个本质的确定（Feststellung）或是经验的确定都必定互为平

行关系。但另一方面这些完全属于理论的内容，当它在自然态度中作为心理学，作为一门实证的科学，一门与先给予的世界息息相关的科学被获取时，它完全是非哲学的，在超越论态度中却也有着“相同”的内容，也就是被理解为超越论现象学，一门哲学的科学。（*Ideen III*, 146-147）

平行关系未必表示两者的位阶相同，而是如前所言，现象学心理学是超越论现象学的前阶段或预备阶段，胡塞尔解释理由：

超越论的观点意味着一种对整个生活形式的改变，它完全超出了迄今为止的所有生活经验，因此，超越论的观点由于其绝对的陌生性而必定难以被人了解。超越论科学面临的也是同样的情况。相对而言，现象学心理学尽管是新的科学，有着新的意向分析方法，却仍具有所有实证科学所具有的那种可接受性。从最严格的标准来说，一旦人们理解了现象学心理学，那么只需要弄清楚超越论哲学问题以及超越论还原的真正意义就会明白，超越论现象学只是对现象学心理学的学说内容作超越论改造而已[1]。（*Hua IX*, 295-296）

一般人所不容易明白的超越论现象学，在胡塞尔看来可借

① 本段翻译亦参考倪梁康译本。见前揭书页100。

由现象学心理学的导引而被了解，因为两者之间具有相同的学说内容，唯一的差别仅仅在于反省程度的彻底与否。在此，现象学心理学与超越论现象学之间呈现出一种手段与目的之间的关系，诚如耿宁所言，现象学心理学是迈向超越论还原的途径之一。两者之间的高低阶关系受到一些诠释胡塞尔思想学者的重视，底下分别以耿宁与 黑尔德的观点作说明：

耿宁在《胡塞尔哲学中迈向超越论现象学还原的三条途径》（The Three Ways to the Transcendental Phenomenological Reduction in the Philosophy of Edmund Husserl）这篇著名的文章中指出[①]，胡塞尔在《第一哲学》（*Erste Philosophie*, *Hua VIII*, 1923/1924）之中提到心理学的研究不需要做普遍的还原动作，特定的还原已经足够，也就是“一步一步地把对特定的经验系列中的特定意向对象的存在之兴趣制止下来”（Kern, 1977: 135）这种片面的还原乃是与全面的还原，也就是超越论还原相对。然而就在一年之后胡塞尔便修正了这项看法，指出即便心理学也是需要普遍的还原。（*Hua VII*I, 317）如此一来，这两种还原之间存在着什么样的关系呢？耿宁引用《危机》的一段话：

因此我想我们惊讶地看见在描述心理学的观念发

① 这篇文章的内容最早出现在1962年，后来由F. Elliston和P. Mccormick 翻译成英文，收录在Elliston，F.A., & McCormick,P. （Eds.）.（1977）, *Husserl: Expositions and Appraisals,* University of Notre Dame Press. Kern 后来也将这篇文章的观点表达在由 Bernet, Kern, Marbach所一起出版的书 *Edmund Husserl: Darstellung seines Denkens*（1989）的第二章之中。

展中，也就是在它追求展现心灵的真正本质当中，必然发生一种从现象学的悬搁与还原到超越论的转变。（*Krisis*, 259）

耿宁怀疑经由心理学还原迈向超越论还原是否可行，因为依据如此方式所得到的超越论还原到头来很难说不是仍旧停留在心理学的层次，也就是还带着世界的性格，而不是真正地超越了世界。他特别引用胡塞尔的只字片语来说明：

看来超越论哲学还原与普遍的心理学还原之间的真正对立情况似乎并不存在了。（*Krisis*, 319）

既然类似的想法在《危机》的某些章节呈现出来（*Krisis*, 261; 263; 268），耿宁于是不得不怀疑，从现象学心理学还原是否真的可以迈向超越论还原。当然，耿宁也强调，将现象学心理学还原与超越论还原等同起来并非胡塞尔的一贯见解，因为十分明显的，胡塞尔在《大英百科全书》"现象学"条目一文之草稿中就明白指出两者间的差异。（*Hua IX*, 246-247; Kern, 136）

究竟通过现象学心理学还原可不可以达到超越论还原是耿宁所关心的主题，对他而言，现象学心理学只有放在超越论现象学的脉络中才值得我们注意，同样的情况也出现在耿宁、黑尔德对于现象学心理学的处理上。黑尔德在选编《胡塞尔现象学方法教本》（*Edmund Husserl: Die Phänomenologische*

Methode, Ausgewählte Texte I, 1991）一书时，特地将《大英百科全书》“现象学”条目一文选入其中。在前言介绍的部分，他提到：

> 在 20 年代胡塞尔发展出一条迈向还原之路，也就是在本书的大英百科全书的现象学条目一文所呈现出来的那样。这是经由现象学心理学的一条路。它是超越论现象学的预备，在此之中意识仍然是以世俗的样子被掌握。（Held, 1991: 48）

> 这个内省的本质心理学对于胡塞尔而言有着两个功能：一方面它是所有经验心理学的先天基础……另一方面它则是超越论现象学的前阶段(Vorstufe)。(Held, 1991: 48）

尽管黑尔德并不像耿宁一样去探讨胡塞尔在现象学心理学与超越论现象学关系的看法上所具有的分歧性与可能含藏的问题，但耿宁的看法基本上在黑尔德那里终究是得到回应的。这两位学者都把现象学心理学定位在与超越论现象学的关系中，至于这门学问本身所具有的内在意义则是被他们所忽略了。胡塞尔本人究竟是怎么看现象学心理学呢？我们已经知道，他为了经验心理学未能寻得研究问题的根基而提出作为心理学之先天基础的本质心理学，也就是他所说的现象学心理学或是描述心理学。但是他所谓的心理学并不只是今天我们所认识的狭义的心理学，而是凡内在于被研究者意识当中的内容都是这一类型的心理学所要研究的对象，如此一来，自我的心理与他人的心理都包含在内。对此，胡塞尔说：

> 现象学心理学的观念涉及探索底下两个完整范围，自我经验以及奠基于自我经验的他人经验。（*Hua IX*, 281）

这里所说的自我不是超越论自我，而是在世界中，与他人一起活动，彼此相互理解的自我。简单地说，就是社会世界中的自我。对于这样的自我，胡塞尔又说：

> 每一个心灵不仅仅因为拥有多样的意向体验而有与他不可分离的客观意义整体。而且同样不可分离的是作为同一的自我主体、让所有体验集中的自我极（Ichpol），以及从这个生命成长出来的各种习性。同样还有被还原的交互主体性，它纯粹而具体地被掌握着，它是一个由纯粹的人格们（reine Personen）所构成的社群，而此社群在交互主体的纯粹意识生活中活跃着。（*Hua IX*, 283-284）

基于胡塞尔的相关论述，我们不难理解为何舒茨会在一篇生前未曾出版的讲稿《胡塞尔及他对我的影响》（Husserl and His Influence on Me）当中提到：

任何试图探索社会实在的现象学尝试，恰也存在于胡塞尔所提出的论点中。（Schütz, 1977: 126）

根据以上的探索来看，舒茨之所以在《社会世界的意义构成》当中提到他所从事的无非就是胡塞尔的现象学心理学（*SA*, 56），并不是没有道理的。虽然舒茨晚年不再提到他与胡塞尔现象学心理学的关系，而这一关系在当代对舒茨现象学的诠释当中也逐渐被淡忘。但是一旦我们想要确认舒茨的现象学思路之特质与他在现象学运动中的定位时，这无疑是最值得尝试的一种方式。

三、现象学心理学为什么重要?

本文拟探讨超越论现象学与现象学心理学之间的平行关系之含义。思考的角度主要分为两方面，一是对于自然态度的重新肯定，以此为基础说明为何在存活于世界的世间人与现象学心理学家之间，或在世间人与进行沉思的超越论自我之间会有相同的意识内容，因而都具有平行关系。除此之外，超越论现象学所具有的"观照性"是以现象学心理学家对于世间人的观照为典范，而表现在超越论自我对于超越论本我的观照上。此外，由于作为被观照的超越论本我与世间人之间存在着可上可下的关系，故而若说超越论自我与世间人自我之间存在着观照的关系也不为过，因为该世间人是潜在的超越论本我，可以视之为超越论本我而对待之。

（一）令人费解的超越论现象学与现象学心理学之间的平行关系

胡塞尔晚期屡屡提及超越论现象学与现象学心理学之间的平行关系，例如在发表于1929年的《阿姆斯特丹讲稿》与撰写于1932年的遗稿中都分别提到关于该平行关系的说法，在《阿姆斯特丹讲稿》中，他说：

> 正如超越论还原的入门方法，超越论的存在场域乃是平行于现象学心理学场域的，后者的入门方法在于心理学还原。我们也可以说：超越论的自我及超越论的我群（Ich-gemeinschaft），具体而言也就是带有具体的全然超越论生命者乃是超越论的平行于寻常意义底下的自我－世间人（Ich-Mensch）与我们－世间人（Wir-Menschen）的，后者具体而言就是作为带着纯粹心灵生命的纯粹心灵主体。（*Hua IX*，342）

所谓平行，主要是指超越论现象学与现象学心理学之间具有“相同的内容”。因为相同，该内容可以时而成为超越论现象学，时而成为现象学心理学描述或探讨的对象，端看研究者所采取的是哪一种态度。换个方式说，该“相同的内容”具体呈现在超越论主体的意识与世间人主体的纯粹心灵之上，前者基于超越论现象学还原而产生，后者则是经由现象学心理学还原而产生。还原的型态或有不同，但在内容上却是相同的，所谓："那个本有的心灵内容，也就是那个心理学的现象学还原所造就的而且是心理学的现象学所描述的，将经由最高阶而彻底化的悬搁而作为超越论的内容被保留住，只不过那个曾经具有心理-真实意涵者转成了现象罢了。"（*Hua IX*, 341-342）

"平行"之说，最早可见于胡塞尔在1917年的《现象学与心理学》第9节，当他论及现象学与现实科学之间的平行关系时说："如果现象学是关于纯粹现象一般的科学，那么就会有与关于物件之全部的科学、关于物件现实的科学相平行的现象学，即作为不是关于在现象中显示的现实的科学，而是关于现象学本身、关于意向相关项和意向活动的科学。"（*Hua XXV*, 98）

但由于胡塞尔在该文第14节论及现象学如何不同于现实科学，也不同于现实科学意义下的理性心理学时，不难看出，现象学与心理学之间依然处于对立的关系，而非相互融合的关系。既然现象学心理学在1917年尚未成形，当然也就谈不上超越论现象学与现象学心理学之间的平行关系。[①]

胡塞尔在1927年的一个有关于交互主体性的短文曾经提及

① 但在该文的第15节则提及可以从描述心理学在对于心理学领域进行本质考察的情况下得到朝向现象学去发展的可能性，由此可见现象学与心理学之间存在着邻近的关系。（*Hua XXV*,121f）

平行性（*Hua XIV*, 408），但未如1929年的阿姆斯特丹讲稿那般深入阐述。而这项观点则在1932年的一个有关于还原的文本中得到进一步的澄清。胡塞尔在该文指出，这些现象学心理学所处理的主题内容必然也出现在超越论现象学中作为超越论主体之物而出现。现象学心理学将自然态度与生活在世界中的世间人自我加以主题化，超越论现象学也同样将自然态度与世间人自我加以主题化（或呈现在超越论的主体之物中），二者都具有相同的内容，也就是自然态度的经验。所以现象学心理学与超越论现象学是平行的关系。但二者对待自然态度稍有不同。现象学心理学主要在于观照世间人的统觉，如实加以描述。而超越论现象学则是将自然态度的内容融入于超越论现象学的超越论领域之中，使它成为超越论现象学的描述对象。（*Hua XXXIV*, 394ff）与这个平行关系相类似的说法是，进行沉思的超越论主体，其意识与世界自我的纯粹心灵之间存在着密切关系，这一点被胡塞尔屡屡提及。例如在《笛卡尔式的沉思》中他说："对世界之物的悬搁丝毫不会改变这样一个事实：经验仍然是对世界之物的经验，各种意识也仍然是关于世界之物的意识。"（*Hua I*, 59）据这点，胡塞尔进一步指出："世间人的自我于是相应于（entspricht）具体的超越论本我……（Dem konkreten transzendentalen ego entspricht dann das Menschen-Ich...）"（*Hua I*, 107）

胡塞尔关于超越论现象学与现象学心理学之间的平行关系，或超越论本我与世间人自我的意识或纯粹心灵内容之间存在着相应性这个说法十分耐人寻味，其具体内涵为何，确实耐人寻味。本文拟从两方面着手探讨这个问题，一是“还原与自然态度”之间的关系；二是沉思者对于被沉思对象的观照关系。

（二）还原与自然态度：自然态度的被排斥与重新被收编

现象学还原向来意味着，除非摆脱自然态度所坚持的种种成见，尤其是世界本身独立于主体而客观存在这些想法，所谓自然态度的总设定（Generalthesis），否则无法成就现象学还原。为此缘故，自然态度是胡塞尔提及悬搁、还原时不断触及的主题之一，他说：“作为自然态度中的人，即在进行悬搁之前的人，我素朴地生活在世界之中；在经验过程中，被经验之物对我是完全有效的，而我便据此做出进一步的执态。”（*Hua I*, 15）

在悬搁之前，世间人生活在对各种现实事物的兴趣中，专注于它们，将世界及存在物当作是客观实在的，并承认它们的有效性。但自然态度的自我具有种种改变的可能，只要执行了现象学的还原，就能够觉察我最本己的存在。这是他在《观念I》所提出的关于世间人的论述，也就是阐明处在还原之前自然态度的意识样态。在《观念Ⅱ》我们看到胡塞尔在有关“生命本质的构成”之章节中也论及自我世间人（Ich-Mensch）。他指出，每一个世间人都可以指称自己为“自我”，如此这般的自我是同时包含心灵与身体的存在者。虽然心灵与身体相互交织，比起身体，心灵更加拥有优先性，毕竟失去心灵，世间人只是躯体甚至物质而已，没有资格被称作人。心灵拥有精神的特质，可以对身体进行赋予灵魂（Beseelung）的作用，使得身体成为表达心灵的媒介。（*Hua IV*, 93f）基本上可以说，胡塞尔在《观念Ⅱ》已经将他在现象学心理学关于世间人的说法做了初步的勾勒，但显然并未将它当作主要的论述对象。

现象学心理学对于世间人的处理所依据的方法是现象学心理学还原，这一还原与《观念I》的还原不同之处在于，它固然也重视对于自然态度总设定的悬搁，但另一方面却也保留世间人对于自然态度的坚持。于是形成一方面对于自然态度的放弃，另一方面却也对自然态度有所坚持的看似矛盾现象。这一表面上的矛盾有其必要，因为现象学心理学的任务无非在于探讨和描述世间人意识的本质结构。为了达到这个目的，身为探索者的现象学心理学家必须进行现象学还原，以避免影响其所探讨的现象，亦即如实呈现世间人的意识结构。而世间人的意识是存活于世间者的意识，也就是带着强烈自然态度色彩的意识。故而自然态度不能被放弃，否则便不能达到现象学心理学所要达到的目的。如此追究起来，表面上的矛盾便不是真正的矛盾，因为放弃与坚持自然态度并不是在同一个层面上说的。而这两个层面互相配合，都是现象学心理学不可或缺的一部分。①

---

① “世间人”是现象学心理学的核心概念，是现象学心理学家论述的主要对象。当世间人被现象学心理学家所观照时，已经意味着世间人及其所抱持的自然态度不再是被排斥的对象，也就是说，不是如同《观念I》的论述那般，是作为进行现象学还原的阻碍而必须被摒弃的对象。反之，自然的自我及自然态度成为被观照者，这一现象学心理学的还原所带有的特质，也就是

经过现象学心理学的发展阶段之后，在晚期的超越论现象学中所呈现的“世间人”概念是否显得与《观念I》有所不同？答案是肯定的，因为在现象学心理学的还原中，胡塞尔一方面借由现象学还原脱离与世界的关系，另一方面却又要拉近与世界的关系，胡塞尔将这一看似矛盾的情况也用在超越论自我与世间人自我之间的关系上。显现在超越论现象学与现象学心理学之间，或超越论本我与世间人自我的意识或心理内容之间的平行关系正是具体表现为两个学问面对世界或自然态度的方式。正是借由面对世界或自然态度的相同方式，现象学心理学所处理的主题内容也才必然出现在超越论现象学中作为超越论主体之物而出现。反过来说，现象学心理学将自然态度与生活在世界中的世间人自我加以主题化，超越论现象学也同样将自然态度与世间人自我加以主题化（或呈现在超越论的主体之物中），于此情况下，二者都具有相同的内容，也就是自然态度的经验，这才使得现象学心理学与超越论现象学具有平行的关系。

与自然态度既相离又相即的情况（参考拙著《世界与人：胡塞尔的现象学心理学》，台北：台湾大学出版中心，2021年。其中的第三章“‘世界之子’的双重面貌：既脱离又不脱离自然态度的现象学心理学还原”），显然被胡塞尔挪用到超越论现象学去，造就出观照式的超越论现象学论述。在《观念I》的论述架构里，现象学家为了成就纯粹意识，必须与自然态度切割清楚。但在《笛卡尔式的沉思》的论述中，自然态度的自我却重新被收编，成为超越论现象学理论内容的一部分。在《观念I》之中扮演了负面的角色的自然态度，在新的观照论架构底下，摇身一变，重新获得新的面貌并取得正面意义。超越论现象学和自然态度之间不再是分离对立的关系，而是成为合作的关系（参考拙著《世界与人：胡塞尔的现象学心理学》第一章“胡塞尔思想发展脉络中的心理学与现象学：从对立到调和”）。

胡塞尔甚至进一步将超越论主体也转化为超越论的具体自我（或称为超越论本我或单子），借脱离超越论的素朴性（transzendentale Naivitaet），而称之为哥白尼式的转向（Kopernikanische Umwendung）（*Hua XXXIV*, 108）[①]，这意味着，自然态度是服务于（im Dienst）超越论现象学的。胡塞尔认识到，只有基于自然态度的内容，超越论的认识才不会是空洞的，只有看清楚自然态度的认识方式以及成果对于超越论态度的重要性，超越论的素朴性才得以被克服。自然态度需要超越论的说明，反过来说，超越论的说明也需要自然态度的认识与成果作为材料。换句话说，自然态度在此情况下被重新拾回，而不是如同《观念I》那样仅仅是为了执行现象学还原的缘故而被加以排除而已。从这点来看超越论现象学所做的工作十分类似于现象学心理学，都是对于自然态度具有既接纳又排除的情况，现象学心理学与超越论现象学之间的平行关系于是变得可理解 。（*Hua XXXIV*,107-109）

当然，不容否认的是，二者对待自然态度仍有所不同。现象学心理学主要在于观照世间人的统觉，如实加以描述。而超越论现象学则是将自然态度的内容融入超越论现象学的超越论领域之中，使它成为超越论现象学的描述对象。（*Hua XXXIV*,394ff）就此而言，现象学心理学家乃是针对世间人的

① 朱刚对此有专文讨论。参考朱刚：《胡塞尔的“哥白尼式转向”》，载《中山大学学报（社会科学版）》，2014年，第3期，第92—105页。

纯粹心灵进行本质描述的人。而超越论现象学家本身则是带有世间人身份的超越论本我，他对于世界的意义构成进行本质性的说明。（*Hua XXXIV*, 107）二者不会因为平行关系便使得彼此的差异消失。也就是说，无论如何，超越论现象学毕竟不同于现象学心理学，前者对于世界的客观存在以及世间人的心灵并未加以认可。对它而言，这些仅仅只是超越论的现象而已，它不会接受含混和矛盾的情况存在。它化解含混矛盾的解决方案是，一方面它将一切世界的客观存在以及世间人的心灵都收纳到超越论自我或本我的超越论经验领域；另一方面则是把世间人都视为潜在的超越论本我，或反之，世间人是超越论本我的世界化。换句话说，超越论自我与世间人自我之间存在着可上可下的关系，二者不再是互相对立，而是融为一体。（*Hua VIII*, 120-121, 124; *Hua XXXIV*, 392; *Hua XV*, 108）

就存在于世间人自我与超越论自我之间可上可下的关系，在心理学家身上也是成立的。身为现象学心理学家有进入超越论态度的可能性，但进入之后又不失去世俗的心理学家的身份，也就是心理学家或世间人及其纯粹的心灵不失为作为超越论的构成成果而存在，也就是透过超越论的构成的方式而形成。

胡塞尔进一步指出，对于心理学家或世间人来说，世界的现实性以及本质的可能性都是预先被给予的。但是在超越论现象学当中构成世界意义的匿名主体则是预先被给予的，该超越论主体使得世界的各种经验及其意义之内容得以被展示，它也是所有意义都得以获得证明（Bewahrung）的依据。

即使人们没有从事激进的科学研究，也会明白那个超越论的具体的主体性会逐渐成长，并为人们的生命提供存在的框架（Seinsrahmen）。作为世间人的心理学主体与作为最终构成一切意义的超越论主体二者是重叠的（Deckung），该重叠性具体表现为两方面：首先是对于心理学家以及世间人来说世界如影随形，只不过世界的意义如何被构成这件事并没有被探问，同样身体也是如影随形，但同样也没有被探问；其次是每一个超越论地构成世界意义的主体都会心理学化、世界化，也就是在世界当中可以被统觉为心灵的存在。

这些内在的心灵之物都存在于身处物体世界的物体性身体的心灵之中。就算是现象学超越论的态度也无非是这种心灵的一种表现。（*Hua XXXIV*, 392-393）超越论主体性地构成世界意义的功能往往没有明白显示出来，而是保持在匿名的状态中，即便是当人们停留在自然态度的生活方式，也就是保持只对于不同主题的兴趣之时也不例外。在此当中人们是不能够明白自身的主体性是具有超越论地构成世界意义的功能也就是主体的成果没有被揭示出来。（*Hua XXXIV*, 396）

在其比较早期的《观念I》超越论现象学阶段，胡塞尔重视如何借由排除自然态度以产生超越论的存在意识以及超越论主体，我姑且称之为向上提升，也就是说作为存活在世界中的世间人自我也可以是超越论的；但是在比较晚期的超越论现象学阶段，胡塞尔则更强调超越论主体向下落实到世界经验中，而使得超越论主体具有世界性的情况。但是无论向上提升或向下落实都是从两个方面去说明同一件事：一方面，超越论主体从来都是在自然态度中匿名地发挥其构成意义的作用，而这一点只有透过悬搁还原的方法才得以被揭露；另一方面，超越论主体意识到自己也是世界性的主体这件事也是透过悬搁还原的方法才被充分意识到，后者是被称为哥白尼转向的超越论自我对于自身的崭新认识。（*Hua XXXIV*, 398-399）

超越论的主体总是隐藏在世间人中，没有被人意识到，直 到执行悬搁它才被召唤出来。胡塞尔曾说："即便是作为自然 存活的自我也曾是超越论的，但却对这一无所知。"（*Hua I*, 15）

在我的世间人格性之中具有超出作为人格与主体的一般认知的能力，借由态度转换而构成出超越论现象学的态度。换句话说，绝对不能小看世间人自我的主体，也就是不能够只用世俗的态度去看它。表面上看起来世间人的自我好像仅仅活在现实的世界中，实际上的情况却是该自我总是已经以匿名的方式在构成着纯粹的现象学或超越论的现象学。我的超越论本质规定了作为活在世界上的人的自我之存在，胡塞尔甚至进一步指出，他人的超越论本质则解释了他的存在，进一步来说超越论的交互主体性则规定了人们在世界中的共同存在（Miteinander）。我的超越论本质以及他人的超越论本质，二者对于世界都有亲身体会的经验，都是经验世界的主体，而非仅仅是被经验的对象而已。更重要的是，二者都是构成世界意义的根源。（*Hua XXXIV*, 241ff）

在这个世间人的心灵当中默默展示着各种存在之得以获得

意义根源的各种类型明证性，包含直接的与间接的。也就是除了直接的明证性之外还默示着间接的明证性，后者正是其他人的主体性以及交互主体的世界得以显示的明证性。

超越论主体作为世界性主体这一点最明显表现在胡塞尔对于交互主体性的说明上。在我的纯粹主体性中具有下列的意识：他人存在，他人与我相关联，他人向我提出要求。换句话说在我的主体性中，有着关于他人或他人与我相关的意识（具有社会联结，我与他人互动的意识）。问题是这一点是如何被揭露的？无非被胡塞尔赋予新含义的还原。（*Hua XXXIV*, 243）我的意志在别人的意志中，我的意念被别人接受并加以执行，反之亦然。我意识到，他人与我之间不是一旁的共存（Nebeneinander）而已，而是互相进入的关系（Ineinnander），例如主人与仆人之间便具有这种互相进入的关系，因为主人的意志内容（命令）穿透了仆人的主体。所以，在社会性之中，主体性是超越自身，到达自身之外的。这个在我的纯粹的主体性中所展示的交互主体性为我架设了走向他人的桥梁，使得我与他人之间得以建立形形色色的互动行为〔思想的、生活的、爱的、恨的……（denkende, lebende, liebende, hassende...）〕。还原到纯粹主体性，并不意味还原到自身的主体而已，同时也意味着还原到他人的主体，而后者的主体之有效性只能透过我自身主体的有效性去加以肯定。还原到纯粹主体性之后，作为还原者的自我不仅仅设定自我的主体性而已，而且也设定别人的主体性，只不过差别在于对于前者我拥有原初的经验（primordiale

Erfahrung）（*Hua XXXIV*, 404），而对于后者则不可能有这种原初的经验。一般从近代哲学出发，往往会出现下列的疑问：如何在执行还原之后还可以处理社会关系的问题？胡塞尔在此特别指出，近代哲学及心理学往往缺乏一种能力，去处理主体性及其意识生活，以及交互主体性的极端本质。近代哲学家无法将这些内容一并放入个别的主体性中，虽然他们明明知道个别的主体性是被整合到具有主观性的群体当中。德国观念论虽提出共同体精神，在胡塞尔看来德国观念论所提出的共同体精神这个概念本身具有一种高度的神秘性及虚构性，而随后发展起来的唯物论思想则把人仅仅看作个别的身体存在，所谓的心灵或精神都要从个别的人的身体出发去加以解释。观念论也好或唯物论也好，二者都缺乏对于主体与主体之间的联系以及交互主体性的充分解释，重视个别人的身体存在之唯物论尤其可以说成为唯我论的主要思想渊源。胡塞尔认为，现象学还原的提出，十分有助于修正这种近代的错误观点。（*Hua XXXIV*, 408）借由现象学还原的方法，我们首先看到的是人的意识以及它的主体性，也会了解交互主体性或社会性的联结（例如与性别有关的直觉性生命冲动）都是毫无疑问地属于主体自身。（*Hua XXXIV*, 401ff）

在对他人的意向性（Intentionalität der Anderen）中，我意识到自我本身是一个共同自我（Mit-Ich），而使得我跟他人之间可以产生种种的互动。换句话说，只有摆脱近代哲学的思想遗毒，尤其是唯物论的思想，我们才得以了解现象学的主体性

及交互主体性的含义。（*Hua XIV*, 409）

总结以上所言，无论如何，对于超越论现象学与现象学心理学之间的平行关系之理解都不能不以“自然态度被重新拾回”作为前提，而这个拾回的动作又可以说乃是以现象学心理学作为典范去进行的。以现象学心理学作为典范这件事还表现在超越论现象学的观照性上，该特性以另外一种方式显示出胡塞尔晚期的超越论现象学如何有别于早期的超越论现象学。

（三）观照论

所谓观照论，其含义是在上位者对在下位者的观照。[1]关于“上位（ober）”“下位（unter）”的概念，胡塞尔提出如下的说明：

> 现象学的自我，这个针对作为世界生活的自我自身进行观察（Beobachtung）的自我被要求去注视、去描述世界，但却不参与任何与世界生活有效性相关的活动。只要我将自身确定为在上位（oberes）的我，并习惯性地扮演现象学家的角色，则我将得以考察（so betrachte ich），那个在下位的自我（das unteres Ich）〔那个该成为我的主题之自然自我（mein natürliches

① 观照包含多方面的含义，可以是观察（beobachten）、考察（betrachten），或旁观（zuschauen）。胡塞尔在行文中，观察和考察多以动词或名词化的动词（Beobachtung, Betrachtung）出现，旁观则多以“旁观者”（Zuschauer）的名词形式出现。综合言之，观照的实质含义是“以旁观者的身份进行观察或考察”之谓。

Ich）是如何这般那般地带着世界的兴趣活在世界上］。（*Hua IX*, 444）

上位者是反思者，以不带有对世界的兴趣之方式去进行考察的旁观者，这是毫无疑问的。至于下位者是谁，在此引文中，胡塞尔明确指出是带着世界的兴趣活在世界上的自然自我，但在《笛卡尔式的沉思》中却出现两个不同的说法。其一指的是抱持自然态度而存活于世界的自我，所谓世间人自我；另一则是超越论本我。以下分别以《笛卡尔式的沉思》（含《巴黎讲稿》）作为文本依据来作解释。胡塞尔说：

> 这样，随着现象学的还原便完成了一种自我的分裂：超越论的旁观者置身于自身之上，观看自身，并且将自身也看作是先前投身于世界的自我（Ich），也就是在自身中发现作为被思者，作为世间人的自己（作为人的自己同时也是被思者，被超越论的本我所思），并且在所属的诸思维上发现构成整个世界之物的超越论生活和存在。（*Hua I*, 16）①

依据上述引文，可以得知被观照的对象是世间人自我。超越论的旁观者将那个过去曾在这个世界上抱持自然态度而投入

① 在《笛卡尔式的沉思》第15节的相似表述中，胡塞尔特别强调无兴趣的旁观者（uninteressieter Zuschauer）对于带着素朴兴趣的自我之观照（Zuschauen）。（*Hua I*, 73）

世界生活的自我当作观照的对象，作为“世间人（Mensch）”的自我被当作超越论旁观者的我思对象（cogitatum）而加以观照思考。超越论自我对于作为世间人的自我的种种经验进行不参与的旁观，对他曾经有过或当下正在进行的种种经验进行观照、沉思，看他如何“在其中以素朴信仰的方式进行经验，继续实施着我的素朴地获得的世界信念，如此等等”。（*Hua I*, 15）

然而另一方面，胡塞尔也表明超越论本我是被观照的对象。“因此，沉思的哲学家自己已经成为超越论的本我，他持续地对自己进行思义，而这就意味着，进入到开放无限的超越论经验之中，不满足于模糊的‘本我思维’，而是追随思维存在的持续河流，从它所展示的所有方面来观察它……”（*Hua I*, 14）

首先在概念上做一些厘清，胡塞尔时而用“超越论自我”，时而用“超越论本我”来说明还原后的纯粹自我。若严格区分，将进行沉思者称作“超越论自我”（transzendentales Ich），这也是进行观照的自我，而将被观照者称作“超越论本我”是比较恰当的，后者具有“超越论自身经验的无限领域”，而形成本我学（Egologie）的基础或根本条件。但胡塞尔有时会将进行沉思的超越论自我也称为超越论本我（*Hua I*, 15），故而形成超越论本我对超越论本我进行观照的情况，作为超越论本我，我成为自身的旁观者（Als phänomenologisches ego bin ich zum Zuschauer meiner Selbst geworden）。这便是所谓“自身思义

（Selbstbesinnung）”或“自身揭示（Selbstenthüllung）”的情况。对此，胡塞尔说：“本我作为一个一般本我所具有的本质形式无非就在于，通过我的自身思义（Selbstbesinnung）而得到揭示并且始终可以得到揭示。”（*Hua I*, 30）

如果我们进行彻底的自身思义，即回溯到我们的本我之上，如果每个人都自为地回溯到他的绝对本我之上（eder für sich auf sein absolutes ego），那么自由活动的自我——主动性的所有这些构成——就都被归入到本我论构成的各个阶段中，每一个这样的观念存在者都会是其所是地成为本我构成系统的编目（索引）。因此，所有那些我在本己思维和认识中认之为有效的科学均立足于此。我作为本我而阻止它们的素朴有效性，但在超越论自身揭示（Selbstenthüllung）——也就是对于我自身能够有所成就的生命的不参与旁观——的脉络中，这些科学就像经验世界一样重又有效，但却纯粹是作为构成的相关项而有效。（*Hua I*, 30）

此观照是指超越论自我对于超越论本我的观照，或是有时被胡塞尔本人称为超越论本我对于超越论本我的观照，形成前述“自身揭示”或“自身思义”式的观照。在语言表达上，超越论本我本身若既作为进行沉思的观照者，又作为被观照者，难免产生混淆，如果我们可以将之澄清为超越论自我对超越论本我的观照关系将会显得比较清楚。

换言之，超越论本我具有双重含义，一是等同于进行观照活动的超越论自我，另一则是等同于被观照的超越论本我，后一含义使得晚期的超越论现象学具有观照论色彩，这一色彩不存在于《观念I》所展示的超越论现象学中。《观念I》比较强调，自然态度所持的认定世界总是客观存在的总设定（Generalthesis），以及基于这一总设定而来的各种各样科学研究，二者都妨碍我们去达到纯粹意识，因此必须被悬搁或放入括号。换言之，自然态度本身以相当负面的形态出现。（*Hua III/1*, 61-66）在《观念I》之中，既不提在自然态度中素朴的经验内容如何在悬搁之后被保留下来，而抱持自然态度的世间人自我又如何值得成为被描述的对象，也未被提出，更不必说，自然-世界自我如何具有成为超越论自我的潜能。相对于《观念I》，胡塞尔在《笛卡尔式的沉思》论及自然态度时，则相当强调自然态度的正面积极意义，使之成为观照论思想的重要成分。

“自身揭示”虽是超越论本我（transzendentales ego）对于超越论本我自身的揭示。但在某个意义下，仍是一种“观照关系”，是进行沉思的超越论自我或超越论本我，对于超越论本我或绝对本我（absolutes ego）的观照。当然在这一观照型态中，上下的关系不如前述超越论自我对自然-世界自我那般明显，但就反思与被反思（或思义与被思义）的主动与被动关系来看，仍可说类似于上下的关系。

根据上一节对于自然态度的重新被拾回、世间人自我作为潜在的超越论自我、超越论本我的世界化等论点的说明，胡塞尔一方面将持自然态度的世间人自我当作被观照的对象，另一方面却将超越论的纯粹本我或绝对本我当作观照的对象，存在于二者之间的关系便不难理解。而胡塞尔借由“世间人的自我相应于（entspricht）具体的超越论自我”这句话所显示的超越论现象学与现象学心理学之间的平行关系也进一步得到更好的说明。胡塞尔晚期的超越论现象学具有浓厚的观照论色彩，这使得超越论现象学虽有超越论之名，但却是蕴含现象学心理学思路的一种现象学。

（四）结论

世界与自然态度分别在现象学心理学和超越论现象学中取得新的含义。世间人的自我以及自然态度从被排斥的情况转换成为超越论自我超越论地构成世界的一种表现方式，此时，自然态度就不再是被排除或否定的对象，不再与超越论的思考相对立，而是相互调和。抱持自然态度的世间人自我无非是超越论自我的世界化之结果，并成为超越论自我所观照的对象。以上构成胡塞尔所说的平行关系之基础，是我们理解该平行关系不可或缺的根据所在。

就在平行关系得到厘清的同时，我们未尝不可指出，胡塞尔晚期的超越论现象学，无论是表现为对于自然态度与世界性自我的重新肯定，或侧重观照论式的表达方式，都无不是以现象学心理学作为典范而发展起来的。就此而言，现象学心理学对于吾人理解晚期胡塞尔的思想发展的重要性可谓不言而喻。

四、作为现象学心理学的舒茨社会世界理论

想要了解舒茨的社会世界意义理论，他在《社会世界的意义构成》的第43节所说的一句话最具有提示作用：

> 所有关于社会世界的科学都是有关主观意义脉络的客观意义脉络。（*SA*, 317）

舒茨的社会世界理论与他对“如何为社会科学奠定哲学基础”的论述是离不开关系的。那么，为什么“所有关于社会世界的科学”都可以用“有关主观意义脉络的客观意义脉络”来加以概括呢？何谓“主观意义脉络”？又何谓“客观意义脉络”？为什么社会世界的问题会跟这两个概念有关？为了能够回答这些问题，让我们回到最根本的问题去，究竟什么是“意义”？

在《社会世界的意义构成》一书中，意义的问题是紧紧环绕着行动的问题而展开的。舒茨之所以会关注这个问题，是因为他想要厘清韦伯（Max Weber，1864—1920）所谓的“赋予行动以意义”之含义。舒茨体认到韦伯“只有在被迫以及明显可见的勉强情况下才致力于他所谓科学基础的工作……只有在具体的专业科学问题的活动中有必要时，他才会去处理科学理论的问题”（*SA*, 15），而且“一旦他觉得够用，便无意继续分析下去了。”（*SA*, 15）这样的基本态度使得韦伯在理论上的成就

受到限制，所以在有关理解他人行动的问题上韦伯留下了许多说明不够清楚的概念，例如“意义脉络”“主观意义”“客观意义”“动机”等等，这一切都促使舒茨动念想要对相关的问题做进一步的分析。为韦伯的这些概念作哲学上的厘清便促成了《社会世界的意义构成》这本书的诞生。

舒茨指出，“有意义的行动”作为韦伯社会学思想的核心概念，本身就是“一个高度分歧、有待进一步分析的标记”（*SA*, 15）。而韦伯在处理这个概念时不尽周延之处在于：

首先，韦伯不曾厘清行动本身的不同含义，他既不曾指出“作为过程中的行动”与“作为已经结束的行动”之间的不同，也未区分“作为产生过程中的意义”，以及“作为结果的意义”。

其次，韦伯虽然区别行动的主观意义与客观意义，却没有能够进一步区分以及探讨个别的诠释者基于立场的不同所带来的改变，也就是他没有区别行动对于自我的意义与对他人意义的不同，没能区别“自我的经验历程”和“他人的经验历程”之间的差异，更未能针对“自我理解”与“理解他人”作区分。

再者，韦伯未能区别对社会世界的邻人（Mitmensch）与同时代人（Nebenmensch）不同的理解角度，也就是未能对于社会世界复杂多样的、具有不同程度的匿名性及体验亲近性的他人作明确之区分。

最后，韦伯不曾探讨行动者不同的形成意义的方式，还有此一意义对于参与社会世界活动的他人或者外在于社会世界活动的观察者所具有的不同模态，也就是没有充分说明从日常生活的角度与从社会科学的角度所进行的理解如何不同。（*SA*, 15-16）

针对韦伯上述的缺失，舒茨分别在《社会世界的意义构成》第二章分析“意义的构成”，在第三章处理“在日常生活层次的理解他人”，第四章探讨“社会世界的不同结构”，第五章则解析“社会科学的理解方式”。本文下面将大致遵循舒茨该书的论述架构分别阐明下列诸问题：“意义如何构成？”“实质行动的含义为何？”“客观意义与主观意义如何区别？”“社会世界的结构为何？”，以及“社会科学的知识如何构成？”

（一）意义构成

舒茨从“体验”（Erlebnis）着手进行意义构成的分析。体验乃是意识的体验，而意识则是一个绵延不绝的时间流程。舒茨一方面采用柏格森（H. Bergson, 1859—1941）的说法，将体验之流称为“绵延”（durée），后来又引入胡塞尔的用语，称之为意识流程（Bewußtseinsstrom）。意识既然是流动的、延续的，也就不可分割，因此我们很难说我们有着“一项”体验。意识之流不是从一项体验到另一项体验的过渡，反倒是如果我们硬要说我们有一项体验的话，则无非是“切割”出来的结果，仿佛把一条连续的绳子切成一小段一小段那般，也就是说，个别的体验仅仅是人为加工的结果。舒茨指出，当我们不做任何思考，而只是去体会意识之流时，将会体验到“一种单方向的、不可逆转而不断往前推进的运动，并在特定的流动过程中，以多样的形式在进行着”（*SA*, 68），但是对于这个绵延之流我们不仅仅是加以体验而已，我们还会拥有关于它的知识，就好比我们对于时间除了可以经验它的流动过程外，还可以说知道它“一分一秒地过去”。这种认识性的时间经验，在舒茨看来透过“反省”活动就可以轻易达成。他说：

> 借由反省活动我可以将注意力转向自己的体验，此时，我不再处于纯粹绵延之流内，不再只是生活在流程之中。此时，我的体验被理解、被区别开来或被凸显出来，而与其他体验有所不同。（*SA*, 68）

绵延不绝的体验之流与独立分开的个别体验这项对比对于舒茨有什么特别的重要性呢？这涉及了“意义”概念。舒茨说：

> 只有已完成的体验才是富有意义的体验，正在被经历的体验则不然。因为意义无非就是意向性的成就，唯有在反省的观照下才变得可见。相对于运行当中的体验而言，意义的明确化必定是琐碎的，既然在这个领域之中意义所指的无非是“注意力的专注”（aufmerkende Zuwendung），它只能用在已经消逝的

体验，而非正在运行中的体验之上。（*SA*, 69）

简单地说，意识体验区分成两种，有意义的跟没有意义的。凡是经由反省活动被重新捕捉的体验就是有意义的，反之则是没有意义的。“意义”既然是形成于“注意力的专注”，则我们不能说进行中的意识活动本身已经是具有意义的，意义是反省的产物，当反省活动“专注”在某一项意识体验时，该体验才是有意义的。在此，我们有必要澄清一点，之前我们说过，意识之流是连续不断的，所以我们不能说反省活动“专注”在某一项体验上，反而应该说，因为反省活动的介入，才使某一项意识活动得以凸显，而有别于其他的体验。而就在这个当下，被凸显的体验就是“有意义的”。

相对于可被反省的体验，是一些不可被反省活动所触及的体验，因此也是无意义的体验，究竟有哪一些体验是不可能被反省活动所触及呢？一些属于生理反应的不自觉反射动作，例如瞳孔收缩、眨眼等等便是属于这一类，在它们发生的当下固然都可以被经验到，却在记忆中没留下任何痕迹，它们不能够清楚地被描述或回忆，亦即不能被反省活动所掌握。舒茨将这一类体验称为“基本上当下的”，借用舍勒（Max Scheler, 1874—1928）的说法，也是个人“绝对私己”（absolut intim）的体验，它是处在绝对私密的领域，它的“存在”不容怀疑，但是对这个领域的体验，记忆却是无法触及。记忆顶多只能掌握这些体验的“如此”（daß）存在，而掌握不到它们是“如何”（wie）存在的。舒茨指出：“我们可以肯定地说，越是接近个人内在核心的体验，对它的再造就越不适切。而适切性的减低必然使再造的内容越加模糊。”（*SA*, 70）所谓“再造”（Reproduktion）就是透过反省再次地呈现原初的体验。那些“绝对私己”的体验，基本上都是无法被反省所触及的，如果非掌握它不可，则我们所得到的往往也只是模糊不清的内容而已。

凡是可被反省活动所掌握者，就是有意义的（sinnhaft）体验，而舒茨将具有意义的体验称为“行为”（Verhalten）。行为可以是内在的或外在的，舒茨称前者为“只是思考”（blosses Denken），后者为“只是动作”（blosses Tun），所谓的“只是”意味着它不是计划或期望的产物，不跟任何的意图有关，它有可能只是习惯性的、情绪性的或者受到文化传统所影响而变成有如机械般的动作罢了。行为的重要性在于它可以成为反省的对象，当它成为已完成的动作时，便可以在回忆中被凸显为个别的经验。简单地说，凡是行为都是可回忆的，因而也都是有意义的。

前面说过，行为并不是计划期待下的结果，一旦透过计划而被有意地产生出来的，舒茨便称为“行动”（Handeln）。计划构成“行动”的主要特质，但计划的含义是什么呢？

首先，计划是一种对未来的预期，人们预期某个透过行动所实现的结果，这一结果舒茨称为“已然行动”（Handlung）。换言之，在预期中被勾勒出来的并非行动本身，而是“已然行动”。这个预期中的“已然行动”处于未实现的状态，它和真正已完成的“已然行动”之间仍然还有一段距离，也就是它本身仍然是模糊的，缺乏明确性。舒茨认为，只有“已然行动”才能够被计划或是被期待，因为只有完整的“已然行动”才可以在幻想中被描绘出来，行动则不可能。就时态而言，完整的行动乃是以“未来完成式”（modo praeterito）的方式被想象着。例如：假如有一个人想从办公桌起身走到窗前，则在预期及计划之中，他首先想象自己已经站在窗前的模样，而后透过具体的行动去加以实现；他不是将整个动作过程都放入计划当中。被预期的“已然行动”毕竟还是仅仅被构想而已，仍然未被实现。“实现”（Verrichtung）包含将事前计划转化为具体目标，或是将构想转化为具体目的的过程。在这种情况下，具体的行动于焉产生。

舒茨指出，行动可能只是内在的，例如一个科学家可以进行严肃的思考，先想好要思考哪个问题，然后真的如此去实行，这时他所从事的乃是内在的行动；与此相对的则是包含身体动作，所以会跟外在世界有所关系的行动，也就是舒茨所谓的“实质行动”（Wirken）。“实质行动”这个概念是舒茨行动理论的核心所在[1]。他强调，在实质行动当中，行动者对于

① 尽管在《社会世界的意义构成》一书中，舒茨大量地使用了“Wirken”这个名词，例如“Fremdwirken”（实质影响他人，208），“soziales Wirken”（社会的实质行动，211），“Wirkensbeziehung”（实质行动关系，213）等等，然而在这本著作当中，舒茨并未正式地论述此一概念，更别说将它视为基本概念。1945年当他发表“On Multiple Realities”这篇论文时，已

自己为什么行动以及将如何行动都有清楚的掌握，因为他处于完全清醒的状态。在这个当下，外在世界与内在意识扮演着同等重要的角色。他不仅明白他正以世界为背景采取某个具体行动（因此而局部地改变了这个世界），而且他也知道这个行动是他原先构想的行动之具体实现，或者一种内在意向的外显化。由于它具有这两个面向，在所有的意识活动之中，实质行动可说是最为特殊的一种。基于外显的特性，它可以被别人所接触到，可以在客观的时空中被记录，而使它成为不可取消的（unwiderruflich），也就是一旦发生了，便不可能轻易抹去，不可能被当作好像从未发生过一般。相对于此，内在行动如科学思考、构想小说情节等等便不是如此，因为它们在客观的时空当中未留下任何记录，别人无从直接经验它们。

（二）实质行动

基于上一节的说明，我们可以从两方面来看“实质行动”这个概念的含义。

首先它具有身体性（Leiblichkeit）的特质，因此也是外在世界的一部分；其次，它可以归类为“自发活动”（Spontaneität）的一种类型，所以它具有与内在意识不可分的特质。这两方面可谓缺一不可，因为缺乏前者，它将沦为只是一种意识活

正式地将working（舒茨所使用的Wirken英译词）界定为外显的行动（overt action）。德国学者苏鲁巴尔指出，舒茨在1936年的文稿“Das Problem der Personalität in der Sozialwelt”（社会世界中的人格问题）之中首次表达了这种看法。（见：Srubar, 1988: 18）

动，犹如思想、想象等等；而缺乏后者，则使它沦为没有意义的身体动作，如同任何自然现象一般，不具备主体所赋予的任何意义。换言之，实质行动包含“主观意义”（subjektiver Sinn）的面向。在兼顾这两个层面的情况下，舒茨将实质行动定义为“经由事先想定而发生于外在世界中的行动，它是计划中的事件，并透过身体动作而加以实现”（*GA I*, 243）。从内在角度来看，实质行动乃是意识流程（Bewußtseinsstrom; durée）当中自发活动的一种。如同柏格森（H. Bergson, 1859—1941）所言，意识之流乃是“原则上带有多样性质之持续地形成和消逝”（kontinuierliches Werden und Entwerden prinzipiell mannigfaltiger Qualitäten）（*SA*, 62）。身体（Leib）对“实质行动”的概念十分重要。早在舒茨早期未完成的著作《生活形式的理论》（*Theorie der Lebensformen*）中身体的概念就已经出现了。在这本书当中舒茨曾经指出：“透过身体性及与之直接相关的生命感受（Lebensgefühl），外在世界的扩延性便进入了绵延（durée）之中。”[1] 舒茨在1945年的论文《多重实在论》（On Multiple Realities）中将这一具有扩延性的外在世界区分为几个层级。首先，我的身体所在的位置乃是我的方向（坐标）系统（Koordinatensystem）之原点[2]，以此为中心，我的周遭世界可以被区分为左右、上下、前后、远近等等。此外，世界还

① Schütz, A.（1997）. *Theorie der Lebensformen: Frühe Manuskripte aus der Bergson-Periode*（I. Srubar, Hrsg.）. Frankfurt a. M., 44.

② 见：Husserl, E. *Ideen II*（*Hua IV*）, 158.

可以因我的身体区分为若干个“可及范围”（Reichweite）。“可触及之世界”（die Welt in meiner Reichweite）涵盖了我实际及潜在之实质行动的可及范围，它当然包括了视觉及听觉所可及的部分，这一范围的界线并不容易划定，因为它的视域（Horizon）是开放的，而这一视域也往往随着我的兴趣之转移而转移；第二个范围舒茨称为“可再度触及之世界”（die Welt in wiederherstellbarer Reichweite），它包含了时间的因素，因为它是我曾经拥有的“可触及之世界”，并且我认定，只要我愿意，便可以将它再度恢复过来。这一认定的背后有个预设：“我总是可以一再地”（ich kann immer wieder）；第三个范围舒茨称为“有可能触及之世界”（die Welt in erlangbarer Reichweite），这里也包含了时间的因素，我固然从未拥有过这个领域，但我期望将来可以拥有它。（*GA I*, 257）

其次，透过身体不仅只有内在的意识流程与外在的扩延空间两者得以相互交融，而且内在的意识流与客观化的物理时间之间也因为身体的关系而交融在一起。这一交融舒茨称为“活的当下”（lebendige Gegenwart），此当下乃是实质行动实际发生之时刻。当此之时，行动者是处于一种完全清醒（volle Wachheit）的状态，这一状态具有最高度的意识张力（höchste Bewußtseinsspannung），而在这一状态中行动者与外在世界相遇并打交道，在这个意义之下舒茨说，采取实质行动的行动者清楚地意识到自己正在行动着。（*GA I*, 245）这种状态显然与其他的意识状态如做梦、想象等等是非常不一样的。舒茨的

“多重实在理论”（multiple realities theory）便是在说明日常生活世界与做梦、想象，以及宗教、艺术、科学态度等等之间的差异与关系。舒茨将基于各种不同态度所构成的世界称为“封闭的意义领域”（geschlossener Sinnbereich），其中以建立在实质行动及最高度意识张力的日常生活世界具有最高的实在性，所以舒茨也将日常生活世界称为“最终极的现实性”（paramount reality; ausgezeichnete Wirklichkeit）。（*GA I*, 264）

“活的当下”有另外的重要性，就是它融合了“过去”与“未来”两个时间向度，既然行动者在采取实质行动的当下，他是透过身体的运作在实现一个原先已构想好了的行为。在采取行动的当下，这个行动被经历着，就如同其他的自发活动一般，因为此时反省活动并未介入其中，行动者的自我并未被分裂为思考者与被思考者两个部分。在行动过程中，行动者的自我保有“整全性”，这一整全的自我与在反省中被意识到的自我相对。舒茨说：

> 如果自我以反省的态度转向已执行过的实质行动，并以现在完成式的方式视它为已完成的片段，则这个执行过去行为的自我，就不再是无法分割的自我，而是一个部分的自我，是特殊行为的执行者，指称它相互关联的行为体系。（*GA I*, 248）

这个部分的自我乃是“社会角色的承载者”（Träger einer

sozialen Rolle），也是“社会人格”（soziale Personalität）的开始。当代德国学者苏鲁巴尔强调，舒茨借此说明“人格同一性之构成”（die Konstitution der persönlichen Identität）以及“生活世界之构成”（die Konstitution der Lebenswelt）的问题[1]。由于实质行动发生在客观的时间及空间之中而可以为别人所知，所以其社会性意涵可说是不言而喻。舒茨主张，只有透过实质行动，人与人之间的互动和沟通才得以可能实现。他说：

> 社会行动涉及沟通，而许多沟通皆必然以实质行动作为基础。我为了和人沟通，就必须在外在世界中执行外显行动，并假定我的行动会被他人诠释为我所要传达之意义的记号。（*GA I*, 248）

这也就是他在《社会世界的意义构成》一书当中使用“Wirken”这个概念时所要表达的原意，虽然在这本书当中，实质行动的概念尚未被完整地建立起来。

（三）实质行动与动机

说明了实质行动的含义之后，我们接着要探讨另一个问题，也就是为何人们会采取实质行动？原因是什么？动机何在？

首先舒茨强调，每个实质行动都是发生在一个行动脉络之中，它总是指向一个特定的目标，而这一目标又指向另一

---

① 见：Srubar, 1988: 164;175;191;198.

个目标，如此环环相扣。每一个目标的意义都取决于它是否有助于实现其他目标，任何一个实质行动的意义也是如此，亦即每一个实质行动少不了都有“目的动机”（Um-zu-Motive）的结构。所谓的“目的动机”乃是实质行动所想要导致的“事态”（Sachverhalt），例如一个犯罪者进行抢劫，目的是取得财富，“取得财富”这个事态乃是犯罪者之所以进行抢劫这个实质行动的“目的动机”。（*GA I*, 80）“目的动机”构成了实质行动的基本脉络，而“目的动机”之结构又往往与“兴趣”（Interesse）有关。舒茨认为任何采取实质行动的人，其意识一定与某项“兴趣”有关。为此缘故，他的意识场域（Bewußtseinsfeld）可以区分为主题（Thema）和视域（Horizon），亦即他的注意力总是集中在主题之上，其他的则被视为附带的背景。相对而言，外在世界也因他的“主题关涉性”（thematische Relevanz）而从“开放的可能性”（offene Möglichkeit）转为“问题化的可能性”（problematische Möglichkeit）。后者是实质行动者在采取行动之前可供来回思量的选项[①]。每一个“主题关涉性”决定了每一次对处境的界定（Definition der Situation; definition of the situation），因此它也决定了我们该解决哪些问题。换句话说，“目的动机”在行动者确定目标的情况之下乃是呈现为“为了解决问题”（um-Problem-zu-lösen）的模态。与解决问题直接相关的则是选择

① 见：*GA* I, 97f; *Relevanz*, 53.

手段的问题。在舒茨看来，日常生活中所谓的“理性行动”（rationale Handlung）便是以此为基础的[①]。

关于动机的问题，仍然有两点需要补充说明。首先，当我们问某人为何会采取某项行动时，除了追问他的“目的动机”，还可以问：为什么他会有这种行为的倾向？为什么他不选择采取另外一种行动来达到他的目的？舒茨在此所追问的无非是人格倾向的问题。人格倾向的特质被舒茨称为“原因动机”（Weil-Motiv）。（*GA* I, 81; *SA*, 122）就以犯罪者的抢劫行为来说吧，他之所以会这么做，可能是因为他从小环境不好，欠缺管教，或者交友不慎等等。舒茨要表达的无非是，仅仅透过“目的动机”仍不足以完整解释一个特定的行动为什么会发生，因为行动者背后的人格特质也是很重要的，我们在理解他的行动时不能不一起纳入考虑。

（四）实质行动世界（Wirkwelt）与日常实在

之前我们曾经提到，实质行动对于日常生活世界的实在性之构成具有重要的意义，让我们针对这一点再做进一步的说明。“世界是否存在”这个问题对于生活在自然态度中的人来说从来就不构成问题。舒茨说，人们以“自然态度的悬搁”（epoché der natürlichen Einstellung）面对这个问题。世界对于他们来说不是思考的对象，而是与实质行动息息相关的领域。

① 见：*SL II*, Nachlass, 289.

所以这个领域的实在性与实质行动是不可分的。舒茨以“障碍经验”（Hinderniserlebnis）来阐明这个现象。当行动者试图借由他的身体动作实现他的构想及意图时，便会遭遇到“障碍经验”，舒茨说：

> 只有实质行动使得对外在物质的障碍经验成为可能，同时也使得物质实在性的构成成为可能，并且，实在与幻想的分辨也跟着可能。①

日常生活世界的实在性当然不仅仅包括物质层面，然而总是不得不以它作为基础；即社会文化的实在固然不可还原为只是物质的部分，却不能够完全脱离物质。

物质上的障碍使得我们不能够随意采取实质行动，人们在构想任何实质行动时，都不能不顾及物质世界本身所具有的限制。例如，我不能构想一脚跨过一座山而且想认真地加以实现，因为物质世界本身具有“本体论上的结构”（ontologische Struktur）。一般而言，在日常生活之中，它都没有被认真地当作一回事，因为它太过于理所当然了。当人们采取实质行动时，它是从来不被怀疑的，但它也不是完全没有问题，尤其在我们想违反它的意愿非常强烈时。例如当我们赶时间的时候，原本看起来不起眼的一段路突然间变得漫长无比。当我们急着

① Schütz 1936, 72（5）/7163-73（6）/7164.

完成某事时，与目的无关的事物在刹那间显得碍眼起来。这个时候，我们会希望这些“障碍”都不存在。我们或许常常有“障碍”不存在的梦想，但是梦想归梦想，实在的障碍再怎么样也不会被视为不存在，除非我们变成像堂吉诃德一般①。

以“本体论上的结构”作为基础的世界也就是舒茨所谓的“实质行动世界”（Wirkwelt）。它是人们日常生活活动的领域，所以舒茨时常用“实质行动世界”来指称“日常生活世界”（Alltagswelt）②。这个世界就是前面所说的“最终极的现实性”，原因是它与“梦幻世界”“想象世界”“科学世界”“艺术世界”等等相比不仅最实在，而且还是这些其他领域的基础。舒茨说：

> 所有其他的领域都可视为由“最实在的世界”所导引出来的，因此它们可被视为“变样的现实性”（modifizierte Wirklichkeit）。（*Relevanz*, 144f; Schütz, 1936, 87［20］/7178）

---

① 舒茨关于堂吉诃德的讨论，见：*GA I*, 271; *GA II*, 102f.

② 舒茨有时不在意Wirkwelt, Alltagswelt, Lebenswelt等等用词之间的区分，然而有时却又非常注重它们之间的区别（Grathoff, R.［Hrsg.］.（1985）. *Alfred Schütz und Aron Gurwitsch: Briefwechsel 1939-1959*. München. 247, 352）。基本上，我们可以说，实质行动世界（Wirkwelt）及社会文化世界（sozio-kulturelle Welt）共同构成了日常世界（Alltagswelt），而Alltagswelt及其他的“封闭的意义领域”如梦境世界、想象世界等等共同构成了生活世界（Lebenswelt）。

实质行动是人们在日常生活世界中的主要活动形态，这种活动自然也包含了知觉的活动（Wahrnehmung）。舒茨接受胡塞尔的观点，指出“前科学思维的世界一开始就是以类型化（Typisierung）的方式被经验到的”（*Relevanz*, 99; *GA III*, 147），即事物或者事件的独特性在日常生活中往往是不被注意的，它们只是以主体对它们感兴趣的一面而且是类型化的方式显现出来，例如：“山”“树”“猫”“狗”，而非这座山、这棵树、这只猫、这条狗等等。换句话说，日常生活的知觉经验乃是类型化的经验。除此之外，在行动的领域，类型化则构成了“我总是可以一再地”（ich kann immer wieder）和“而且如此继续”（und so weiter）之基础，亦即在行动之中我总是预设，在类似的情况下我可以再次有效地采取相似的行动。也就是说，从前发生过的事，我可以期望它在类型上再次地发生。类型化非常重要，所以舒茨说：

> 如果没有类型化，新的已然行动（neue Handlung）便不可能发生。[1]

我们的传记式情境（biographische Situation）尽管每一时每一刻都有所不同，然而却都被“观念化的可重复性”

[1] *SL II*, Nachlass, 273；在此值得注意的是舒茨区别“新经验”（neue Erfahrung）和“新类型的经验”（neuartige Erfahrung），前者只是再次出现的同一类型经验，后者才是真正全新的经验。（见 *Relevanz*, 108）

（idealisierte Wiederholbarkeit）所约制，所以对于“非类型化特征”（atypische Merkmale）不感兴趣。在此情况下，日常生活世界被舒茨理解为具有高度重复性的“日常世界”（Routinewelt）[①]。

当然，理想化的“我总是可以一再地”并不是完全不被质疑的。有时候我们的期望会落空，一个原本稀松平常的情况突然变得异常醒目，此时原本运作良好的“主题关涉系统”（thematisches Relevanzsystem）便受到了干扰，“被迫造成的关涉系统”（auferlegtes Relevanzsystem）则取而代之。例如一早起来发现平常容易发动的车子突然失灵，我于是不得不放弃平常的计划，赶紧处理发动不了的车子。“要紧的事先办”（first things first），舒茨偶而使用这个美国人常用的词组来描述这种情况。我们总是必须先将突发的状况处理好，直到事情恢复常态为止。（*Relevanz*, 58f）

日常生活世界乃是人们所熟悉的领域。非类型化、非正常（anormal）、脱离常轨的状态，例如想象、艺术、宗教、科学等态度都被排除在外。一个坚持带着上述任一态度的人是无法跟其他人一起生活的，因为彼此间的“关涉系统”相去太远。对舒茨而言，最能充分表现这种情况的非堂吉诃德莫属了[②]。

---

① *Relevanz*, 186.

② 见：*GA II*, 102f.

五、主观意义与客观意义

根据以上的说明，我们一方面明白行动的意义在于它能够事先被构想，所以说它是行动者本身所赋予的，另一方面，我们也明白这项构想形成了行动的统一性（Einheit），而这个统一性则是别人理解该行动意义的依据。但是统一性的具体含义是什么呢？舒茨用“意义脉络”（Sinnzusammenhang）与“经验图式”（Schemata der Erfahrung）等概念来探讨及说明这个问题。

（一）意义脉络与经验图式

“经验图式”本质上是一种“意义脉络”（Sinnzusammenhang）。“意义脉络”是各个单独的有意义体验之间的关系，这项关系假如是紧密的，则彼此可以被整合到更高阶的单元去，让我们可以“在单一视线中”掌握其意义，仿佛它本身又形成了一项特定的单独体验。这个情况可以理解成任何一个“已然行动”与行动过程中任何独立片段之间的关系，例如先前举过的例子“我想要走到窗前”，我先设想“我已经站在窗前的模样”，但是为了实现这个目的，我必须先完成“先推开座椅”，“站起来”，“跨步走出去”，“绕过桌子”等行动。所有这些细部的行动片段必须被放到“走到窗前”这个已然行动的脉络之下才能够被理解。这就是舒茨所说的：

> 我们将……意义脉络……明确地定义为：所谓有意义的体验 E1，E2，…，En 位于一个意义脉络内，指的是当它们在多元架构活动里构成高阶次序的综合，而我们在单一视线里能够把它们视为被构成的单元。（*SA*, 101）

但是每一个已然行动又可以再一次地被整合到更高阶的意义脉络里去，例如我是为了“看来拜访的朋友是否已经抵达”而走向窗前，这时候，“走向窗前”的活动与“事先和朋友约好”“我必须留在办公室等他”等等个别的已然行动一起形成了一个新的意义脉络，例如“我们打算筹办校友会活动”。而后者又可以被当作单独个别的意识活动而加以理解。舒茨说：

> 每项已然行动基于构想而发生的缘故，相对于逐步构成的行动而言乃是意义脉络。……但是从这些本身是意义脉络的已然行动逐步构成了新的综合，它们又可以单元地（monothetisch）被注视着，它们相对于个别的构成活动而言又是另一种意义脉络。（*SA*, 102）

如此在各个单独的“意义脉络”之间不断地可以整合出新的、更高阶的意义脉络，来到最为高阶的意义脉络时，舒茨就称之为“经验脉络”，他说：

人们因此可以将经验脉络视为每个当下的意义脉络或更高阶意义脉络的总体（Inbegriff）。（*SA*, 102）

舒茨借此要表达的是，没有任何一项经验是单独存在的，没有一项经验是没有背景的。我们的经验往往都是在特定的架构底下发生的。换个方式说，我们会以既有的架构去迎接新的经验，将新接触的经验转换成我们已经熟知的那个样子去加以理解。或是换成胡塞尔的表达方式来说，用“再认的综合”（Synthesis der Rekognition）之方式来处理新的经验，这使得我们每一个当下的经验，虽然就时间上来说是“全新”的经验，但是我们却将这个独一无二的新经验转换成可理解的经验，因此也不再对它感到陌生。舒茨指出，我们向来是借由“总是一再如此之理想性”（in einer Idealität des Immer Wieder）的模式来接触新的经验的，他解释：

现在我们可以将整个经验脉络界定为所有注意活动的内容，在此，自我是一个自由的存在，可以在意识生活的任何时刻，注意那些过去在综合中逐步构成的体验。当然也包括这些活动所具有的注意模态。经验的特定意义，以及注意活动的特定模式构成于现有的整个经验脉络里。（*SA*, 104）

借由经验脉络，人们对于新发生的经验不至于感到陌生，而且也使得“整个外在世界对他而言也是有秩序的”（*SA*，108），这个让世界显得井然有序的内在模式，就是所谓的“我们的经验图式”（Schemata unserer Erfahrung），舒茨说：

> 我们愿意把这个让每一次经验得以自我调整的秩序称为我们的经验图式，对于这个概念我们将定义如下：经验图式是我们过去各种体验的意义脉络。（*SA*，109）

基于经验图式，我们一方面统摄了自己的不同体验，让这些体验成为有意义的，另一方面也让自己的行为或行动可以被别人所理解。别人对自己的体验之掌握需要透过这些具有统一性的意义脉络或是经验图式，它可以说是人与人之间相互理解的重要媒介。

从经验图式可以进一步地延伸出“诠释图式”（Deutungsschemata）来，当我们想要对自己的经验作解释时，我们会援引过去经验所沉淀下来的知识架构〔舒茨称之为“知识储存”（Wissensvorrat）〕来诠释自己的经验，而这个知识架构正是由经验图式所转化而来的。至于知识储存的相关问题我们稍后再做补充说明。

（二）理解他人之理论的基本特质

舒茨的社会世界理论所研究的对象乃是在自然态度中的人所经历到的社会世界，他要对他们的意识进行一般性的描述。这种自然态度的意识往往带着一些不被质疑的想法，舒茨所谓的“一般设定”（Generalthesis），譬如“世界上除了我之外还存在着他人”，“这些人跟自己一样都是有意识的，而且也具有意识流程”（*SA*, 138），更重要的是，“他人也会赋予自己的行动以特定意义，而使得该行动成为可理解的对象”（*SA*, 138）。这些不被质疑的想法总是在未经反省的情况下就被素朴地接受了，人们理所当然地认为这些都是千真万确的。

他人是具有意识流程的存在，这表示，他不是如同物理对象一般，仅仅是作为客体对象的存在。他人的时间流程和我的一样都是具有绵延的流程。这个绵延就性质上来说和我的内在意识之流没有差别。假设我和某个人一同度过一段时间，则我们甚至于可以说我们拥有“共同的时间流”，一种同步的状态。这一点对于舒茨在分析社会世界的结构时十分重要，特别是面对面关系。当我们说，他人的时间流程与我们的时间流程是同步时，只是表示两个人一同度过一段时间，两人因为如此而一起经历了岁月的增长，也就是舒茨所谓“一同成长或是老去”（Altern）的现象。那么两个人会不会因为如此而不分彼此地融为一体呢？当然是不可能的，毕竟你还是你，我还是我，就算我们的时间流程是一致的，就算我们的经验内容大同小异

（舒茨曾经举“一同看到小鸟飞过”作为例子），你还是在你的意识中经验这件事，而且用你的理解方式（上一节提到的“诠释图式”）去诠释这个经验。如此一来，两个人的经验基本上还是拥有不同意义的。我所能掌握的他人经验内容永远只是片段的。更为根本的是，我从来只能够从自己的角度去理解你的经验内容。你对于你的经验之体认和我对你的经验之体认往往落差很大。诚如舒茨所说：

> 抱持自然态度的人，经常借着解释自己对世界的经验来理解世界，这包括对无生命事物、动物或他人的经验所进行的解释。理解他人的概念，起初与自己对他人的体验所进行的解释重叠。在我面前的你，事实上是一位现实世界的邻人（Mitmensch），而非电影布幕上的影像，他具有时间流和意识，我是经由自己对他的体验进行的自我解释这个活动而经验到他的。（*SA*, 149）

这是事实。但这不表示，我们从来只能够理解自己，而无法突破藩篱，进入他人的思想去。换个方式提问：我们是否可能从他人的角度去理解他人？为了回答这个问题，让我们先思考这个问题：被我所知觉的身体除了具有我所赋予的意义，是否还有其他的意义？舒茨说，基于“他我的一般设定”我有可能把“他人的身体及活动”看成是属于他人意识活动（思想内容）的一种外在表现。虽然这个表现免不了还是要透过我去加以诠释，但舒茨强调，诠释仍然区分成两种，一种是仅仅从我的角度去看，另一种则是从他人的角度去看，或者说，前者的意义产生于我的诠释图式，而后者则是他人的经验图式或是诠释图式。用舒茨的区分就是“主观意义”与“客观意义”的区分。只有透过后者才算是真正在进行“理解他人”的活动。理解他人可以区分为适当的与不适当的。关键在于我所使用的诠释图式能不能够吻合被理解者的经验图式，即两个意义脉络能不能够适当地相对应。一旦对应得起来，那么对他人的理解就是适当的了。“主观意义”与“客观意义”的区分对于分析理解他人的问题可以说十分重要，因此我们有必要对这组概念加以阐述。

（三）主观意义与客观意义的三种含义

舒茨对于“主观意义”与“客观意义”所做的讨论基本上奠定在韦伯对“主观意义”与“客观意义”所做的区分之上，但是当舒茨援引胡塞尔的现象学概念进来之后，他就已经发展出自己的观点来了。为了顺利阐述他的观点，让我们先说明几个跟“主观意义”与“客观意义”密切相关的概念，包含“对他人的理解”（Fremdverstehen）、“当下理解”（aktuelles Verstehen）与“根据动机理解”（motivationsmäßiges Verstehen）等等。

舒茨指出，在理解人文社会世界现象，特别是关于他人行动的意义时，有两项设定是不可或缺的：一是“他人也是赋予自己的行动以意义，再者，这个意义能够被我所掌握，就跟我能看出自己行动的意义一样”；二是“他人行动的主观意义，不必然等同于我观察其外在行动后所获得的意义”。第一项设定不表示我们在从事观察时，可直接触及他人活生生的体验，就像掌握自己的经验一般——不管是透过同感（Einfühlung）或舍勒（M. Scheler）所认为的某种“内在直观”（innere Anschauung）（*SA*, 29）——而使他人的经验等于是我自己的一般。舒茨强调“这样一个完全能够移情式地感受他人经验的假定，事实上是悖离意识基本法则的。”（*SA*, 29）舒茨一方面不赞成我们能够直观他人的内在感受，但他同时也不赞成如卡尔纳普（R. Carnap）所认为的：“他人的行动不是相应于他人一连串的体验，就如我自己的行动与体验的关系一般，它们只是被当作外在世界的事件序列，是对象之有形客体上的变化，而此对象被称为他的身体。”（*SA*, 29）根据卡纳普这种思考路线，我们既然不可能经验到他人内心，而只能经验到有形客体而已，所以从科学的立场来看，他人内心概念的假定相对于物理世界而言在认识论上面是次要的。由于缺乏实证经验的内容，所以有关他人内心的陈述，在科学上也是毫无意义的。

舒茨不能接受卡纳普的说法，认为其远离事实，因为他人的行动根本就完全不同于自然现象，前者被赋予特定的价值与意义，并且这个意义还是行动者本人所赋予的，行动往往可以被看成是内在意义的一种外在表现。现在，这个行动意义的产生过程以及相关的内在感受既然不能被我以理解者的身份直观地经验到，则如同之前已经指出，我作为理解者所理解到的行动者之意义与行动者本人所赋予该行动的意义便不必然相同，两者之间存在着差距乃在所难免，这便是舒茨所指出的第二项设定："他人行动的主观意义，不必然等同于我观察其外在行动后所获得的意义。"

其次说明"当下理解"与"根据动机理解"之含义。这两个概念乃是由韦伯所提出来的。对韦伯来说，"当下理解"乃是针对一项特定行动的意义所进行的理解，例如将某项行动理解为"砍木头"；"根据动机理解"则是将一项行动放到一个特定脉络里去进行理解，例如"为了谋生而去砍木头"。韦伯所理解的动机是"一个对行动者本身或观察者而言，被当作行动的有意义'基础'之意义脉络"。（*WG*, 5; *SA*, 37）在舒茨看来他并没有对这一点做详细的说明，所谓"一种脉络，是行动者行动的有意义基础"所指的究竟是什么？韦伯没有作明确的说明。舒茨因此将韦伯的"动机"概念进一步地区分为"为了什么目的"（um zu）以及"基于什么原因"（weil）两个部分。舒茨说：

> 显然地这其中又包含两项不同的事物。首先，对我而言，它是我行动的有意义基础，是我对于一系列未来事件的期待，而这些期待将经由我的行动而产生。但还有第二种意思，即我有时谈到自己行动的意义基础时，事实上是指我的过去经验，它们促使我现在以

这种方式来行动。在第一种状况下，我把我的行动当作某些目标的手段。如果我想在这个情况下，找出自己的动机，我会问自己以下的问题："在所有未来事件中，有哪些是我所期待而发生的？这些事件的发生或联合发生会成为我的行动意义。"如果是第二种情况，我会把现在的行动当成过去行动的结果，如同受过去"原因"影响而产生的后果；如果我是在这种情况下找寻自己的动机，我会问自己另一个问题："在我过去的经验里，哪一些经验与其他经验特别不同而构成或一起构成了我的当下行动之意义？"（*SA*, 38）

换个方式来说，如果我们问一个人为什么会采取某项行动，意义何在，通常他会说："我这样做是为了……"（ich handle so, um zu...）或"我这样做是因为……"（ich handle so, weil...）。当然行动者通常会将行动的意义看成理所当然，在一般的情形下，行动的意义是自明的，除非他刻意地去问动机的根源。假如他真的这么做，那他就会把自明的意义当作起点，回头找寻与行动相关的过去经验，还有一些可能引发出目前行动的未来事件。

总之，"根据动机理解"本身已经预设了对行动者的过去与未来有相当程度的认识。舒茨曾用韦伯举过的两个例子来加以说明，有一人在演算数学公式，另一个人则在伐木，就过去而言，数学家已经在从事一项科学定理的阐释，而伐木工人则已经签订一项合约，这是我可以把他的行动放进去的意义脉络；就未来而言，我们必须假定，行动者将他的行动置于一种期待之上，科学家可能认为演算这个公式有助于阐述他的数学理论观点，或者说，伐木工人期待资方会给付他工资所以才去伐木。如果我们想判定构成他们行动的主观意义脉络，与我们所确认的意义脉络是否相一致，那么有关他们两人的过去与未来的相关资料都是不可或缺的。

说明几个相关的概念之后，让我们回头解释舒茨对"客观意义"与"主观意义"这组概念的理解。他的理解可以分三个方面来看[①]：首先是"观察者与行动当事人"的区分，另外则是"结果与过程"以及"普遍与偶加"的区分。接下来逐一说明之。

1."观察者与行动当事人"的区分

首先客观意义指的是观察者所赋予某项他人行动的意义，它不同于行动者所赋予其行动的意义，也就是主观意义。舒茨强调，即便在最佳的诠释条件下，我们仍然不可能完全掌握他人赋予其行动的意义，亦即主观意义，因为我们不可能以体验自己意识活动的方式去体验他人活生生的意识活动。让我们来看舒茨自己所做的说明：

> 假定行动者 A 在行动上，赋予了 S 意义。而行动 H 是经由 A 的某些外在过程、就是身体动作而呈现出

① 所谓三方面，所指的是，舒茨在使用主观意义与客观意义这组概念时未能清楚地意识到这组概念所具有的歧义。

> 来，又假定A的朋友B与社会学者C正在观察A的行动。进一步，再假定A的行动对B与C来说都是可理解的。他们两人把外在过程H当作A的体验之指号，并赋予它一个意义。我们前面已经说明A的意味意义S，是不可能经由当下理解或根据动机理解而显现。因之，B会以他自己的实际经验为基础，来诠释A的外在行动，并赋予意义，而C则会以理解社会学的理念型（Idealtypus）概念，赋予A行动第三种意义S″。以韦伯的术语来说，S应是行动者赋予自己行动H的主观意味意义，而S′与S″应为这个行动的客观意义。但实际上，S′只是B所赋予外在过程H的客观意义，而S″也只是C所赋予外在过程H的客观意义。认为S′与S″具有客观意义内容，首先无非只是说它们不同于S而已。既然S只能透过指号而获得，所以我们应视意味意义为一极限概念（Limesbegriff），也就是即使在最佳诠释条件下，S′、S″绝不可能与S完全一致。（*SA*, 42）

在日常生活中，如果他人行动的意义对我来说是明显的，没有任何困扰产生，则我不会想进一步去探寻他人的主观意义。在舒茨看来，这种情形出现在当被观察者表现出严格意义下的“理性”行动时，此时，表现出来的客观意义内容足以让我们恰如其分地对他做出回应。在不需要超越这些表面层次的情况下，我们就已经可以适当地诠释他人的行动。例如一位公交车司机与乘客之间的关系，就“提供服务”与“被服务”这个相对的关系而言，彼此之间假如能够适当地互相回应，即双方的行为表现都是理性的，可理解的，则他们不会再去追问另一方的行动对于他本人所具有的意义。反过来，如果我们对别人的行动表现产生疑问，也就是不能明白其行动的含义，则我们难免会想：“眼前这个人（司机或乘客）说这些话或表现这些动作意义何在？”在这样的情况下，我们才会想要追问该行动对行动者本人的意义。总而言之，人们在社会世界中对自己的行动以及对他人的行动之意义所做的诠释基本上都是“实用导向的”（pragmatisch bedingt）（*SA*, 49）。只要实用的目的得到满足，人们不会也不需要对自己或他人的行动之意义做进一步的探索。

2. “结果与过程”的区分

客观意义指的是作为行动结果的意义。我们首先要问：作为行动结果的客观意义是如何被带进来的？它为何是必要的？它究竟想要解决什么问题？相对于此的主观意义指的是被重新建构的行动过程，但值得注意的是这里所重新建构的不是当事人的心理过程，而是意义的形成过程（即说明的过程）。它所建构的无非就是动机（作为原始起点）与行为结果（作为终点）两者之间的关系。在绝大多数的情况下，理解者或是研究者首先所接触到的乃是行动的结果，这时候行动者的行动对他来说无非就是外在世界的客体对象。舒茨认为，如果人们想要说明行动者的主观意义，则必须对该行动提出“从动机出发的过程”之解释。这是舒茨赋予主观意义与客观意义的第二项含义。

为了详细说明这一点，舒茨借用了胡塞尔对静态现象学（statische Phänomenologie）与发生现象学（genetische Phänomenologie）所做的区分。舒茨指出，自从胡塞尔的《观念》（*Ideen*）问世以来，人们明白意义给予乃意向性的成就，经由此成就，单纯的知觉体验（“意识质料”）才“被赋予灵魂”（beseelt）。有意义的对象之所以会呈现是因为意向性的构成作用。关于这一点，胡塞尔后来在《形式逻辑与超越论逻辑》（*Formale und Transzendentale Logik*）又做了进一步的阐述，他明确地提到意义发生（Sinnesgenesis）的问题，并且指出意向性事实上是“成就的脉络”，每一个被构成的“意向整合体”以及每个被给予方式都是作为“沉淀的历史”（sedimentierte Geschichte）而显现出来。舒茨引述胡塞尔的话：

> 每个意义结构体都可依其本质上的意义历史（wesensmäßige Sinngeschichte）而加以分析……所有意向整合体都具有一个意向发生，意向整合体是“被构成的”整合体，在每一种情况里，每个“完成的”整合体都可以根据其整个的发生，以及可直观掌握的本质形式而加以分析。（*Formale und Transzendentale Logik*, 184; *SA*, 46）

这个构成现象可以在发生的意向分析中被研究，经由对意向性的了解，人们可以追溯意义的起源。反过来说，每个客体都可以被视为既存的，或者是已构成的意义脉络，都能够依照其意义层级而加以分析。这两种方法都是可以由孤立的自我去进行的。一方面，我们可以把世界看成是完整的、已构成的，并且是理所当然的。当我们采取这种观点时，我们不会觉察自己意识的意向作用。此时我们面对的是一个真实的与理想的客体世界，我们可以说这个世界是有意义的，而且是对我、你、我们，以及每个人都是有意义的。舒茨强调，那个产生出来的意义构成体具有客观意义，它们本身就是有意义的，例如"2 × 2 = 4"此一命题不管在什么时候、什么地方，或者是由什么人所提出，都是具有相同意义的。然而在另一方面，我们也可以把注意力放在能够赋予意义的意识意向作用上。如此一来，我们所面对的便不再是一个完整的、已然构成的世界，而是一个只在自我的时间流中被构成，而且不断更新、不断生成而又不断消逝的世界。我们借由反省去觉察那些赋予意义的意向活动，所以对我来说，世界是有意义的。舒茨强调，由于世界是不断被构成着，永远处于形成的过程中，所以它指向自我意识生活的最根本事实，也就是指向自我对自己实际生命过程的觉察，指向自我的时间流（Dauer），用柏格森的话来说，就是指向自我的绵延（durée）。（*SA*, 47）在日常生活中，我们抱持着自然态度（natürliche Einstellung）生活在赋予意义的行动中，我们只觉察到被构成的客观对象以及客观意义。只有在如同柏格森所说的，经过"艰辛的努力"（in einer schmerzhaften

Anstrengung）过程，我们才能够从客观对象的世界转向内在的意识流，在专注于自己的意识经验情况下，觉察到这个构成过程（*SA*, 48）。

以胡塞尔的论述为基础，舒茨对主观意义与客观意义做了如下的解释：

> 一方面我可以把外在世界的现象视为他人意识的指号，我除了会注意外在世界，还会加以诠释，我这么做时，无非是认为它们具有客观意义。但另一方面，我也能检视所有外在指号，深入有理性者（Vernunftwesen）活生生意识的形成过程。而此时我所关切的主要是主观意义。所谓客观意义的世界，乃是在社会领域内，从自己或他人赋予意义之意识构成过程中抽取出来的。从而造成被描述的意义内容之匿名特质，以及相对于具有赋予意义之意识而言的固定性（Invarianz）。我们谈到社会世界的主观意义，它指称意识的构成过程，而这个过程所产生的结果则是客观意义。（*SA*, 48）

主观意义与客观意义这组概念还可以用来解释人们所制造出来的各式各样产品的意义。也就是说，任何人接触到一个人工制品时，可以用两种不同的方式去加以诠释：一方面他可以集中在它的对象性上面，包括实在的或观念的，而不让它跟制造者有任何关联；再者，他可以将它看成制造者在制造过程之时意识内容的表征。就前者而言，诠释者只拥有他自己对于对象的经验。就后者而言，诠释者的注意力则指向制造者的意识构成活动（不管是自己的或他人的都一样）。

当我们探讨一个制造品的客观意义时，仅仅把它看成单纯的产物，也就是说，只注意它已经完成的模样，而不去注意它的产生过程。制造品是产制过程的最终结果，是已完成的、完整的，它不再是过程的部分，而只如同过去的事件。然而制造品本身并非一个事件，而是一个存在者（ein Seiendes），它是制造者心中过去事件的沉淀物。对制造品的客观意义之诠释，是将它放在诠释者对制造品的理解经验里，置于诠释行为之意义脉络中。此时，诠释者全然不去理会制造品原本的逐步形成的过程，这不是说他没有觉察到这个过程的发生，只不过他不去在意它们。在诠释者的意义脉络中所形成的只能是客观意义，而不是主观意义。（*SA*, 187）就此而言，作为"结果与过程"含义的"主客观意义"未尝不可被视为对"观察者与行动当事人"的"主客观意义"之补充。

当我们探寻一个制造品的主观意义时，我们是在问，在制造者这个特殊他人的身上，到底发生了或正在发生哪些特殊的构成经验？舒茨指出，这个制造者必有其独特的体验与意义脉络，问题是他的独特性在这个时候并不重要，因为他是以非个人的"某人"形貌出现的。这个隐匿的"某人"只不过是个代名词，用来代表某个事实上存在（或曾经存在）的人，但对于这个人我们未曾考虑其特殊的独特性。任何人，包括我自己、你或每个人，都可以在不改变制造品的主观意义下被放到这个位子来。舒茨强调，我们不可能谈论“某人”的主观意识过程，因为这个隐匿的“某人”并不具有意识上的绵延之流，也缺乏任何的时间向度，它仅仅不过是一个逻辑上的虚构物，原则上是不可能被经验到的。为此缘故，主观意义所指称的“过程”并不是真实的时间流程，而是如前面所说的“意义的形成过程”或“说明的过程”。

客观意义与先前做过解释的“当下理解”有着十分密切的关系，主观意义则与“根据动机理解”息息相关。基于客观意义所进行的理解就是在“当下理解”中所得到的对于当前所呈现出来的现象之意义的理解。例如A对于B的行动所下的判断是“砍木头”，A的判断也许是错误的，但无论如何争论的焦点就在于“B究竟是否在砍木头”。相对而言，基于主观意义的理解乃是所谓的“根据动机理解”。它所得到的是对当下现象的原因或是目的的理解（也就是行动者的意义脉络）。例如A对于B的活动所下的判断是“B为了谋生而砍木头”。这里的问题重点是“在确知B是砍木头的基础上，进一步追问B究竟为了什么而砍木头？”

同样地，舒茨以这个论述架构来分析“文化客体”（Kulturobjekt）。所谓文化客体，本质上所指的就是前面所说的“人工制品”，它出自人的创造而产生，不同之处在于文化客体不仅仅指称个别的物品例如书本、花瓶等等，它也包含群体性的制度与组织如政府机构、商业公司等等，至于特定组织内的行为模式如经济活动或传统风俗习惯所塑造的表达方式如宗教仪式等等也可以包含在内。对此舒茨指出：

> 因此所有文化客体化现象（Kulturobjektivation）都可以用两种方式来加以解释。一方面它们可被视为已经完整构成的对象，不管是在同时代或历史中，对诠释者而言它们都是这种存在的情形。对这些对象可加以简单地描绘，或服膺于理论的解说下而成为基本知识的对象，也就是人们可以用这种方式来研究国家、艺术及语言。另一方面所有这些制造品都可被视为制造者心中的意识流程之证明。而对高度复杂的文化客体本身还可以进行更详细的研究。（*SA*, 191）

“文化客体”包含了意义的不变性与制造者的匿名性。这种理想性塑造了“而且如此继续”（und so weiter）与“我总是可以一再地”（ich kann immer wieder）之可能性。塑造文化客体的行动者是一个“普通的某个人”而非具体的你我。就以经济活动为例，固然每一个被理解的经济行动都可回溯到一个从事经济活动的人身上，但是这个行动者却是绝对隐匿的，它不是你、我、企业家或经济人（homo economicus）等，只是一个普遍的某人（ein allgemeines Man）。（*SA*, 192）这就是理论经济学的命题具有“普遍有效性”的原因，因为它具有“如此这般”及“我能一再地做”等理想性质。

舒茨甚至进一步解释传统神学证明上帝的存在论证也是与此有关。他说：

> 找寻每个存在事物的主观意义是一种深植于人类心灵的倾向，发现对象的意义以及认为对象曾被某些心灵赋予意义，二者是密不可分的，因而世界中的每个事物都可被诠释为一个产品，并且是上帝心灵的证明。事实上，整个宇宙可被视为上帝的产物，而宇宙也正是上帝之创造行为的见证。在此我们只是略为涉及严谨科学之外的整体问题领域（Problemkreis）。主观意义与客观意义的问题亦适用于神学与形上学。（*SA*, 193）

3. “普遍与偶加”的区分

这里的重点在于，如果行动者的行动具有表达意义并且涉及符号的使用时，则理解者对于符号的理解可以分为两个层次来说。一方面是就符号在符号系统中的位置而言，这里所包含的意义是相对稳定的（任何人都会接受它，所以也可以说是普遍的）。但是另一方面，一个符号的特定意义可能是相对于每个人的时空位置才得以确立，例如“前”“后”“左”“右”等便是如此，而评价性的语词往往也是依赖于使用者的个别喜好，例如对某人是甜蜜的经验，对另一个人而言却是苦不堪言。除此之外，有些语词会因为某个作者所赋予的特别意涵而使得我们在理解它时必须顾及该作者的论述脉络。例如海德格尔所使用的Dasein一词之所以不容易被一般德语使用者所理解，就是因为后者不熟悉海德格尔哲学的原因所导致。这个例子清楚说明了“偶加意义”的含义，也显示每一个稳定的记号本身都或多或少包含了偶适性（Kontingenz），容许使用者去发挥个人的创造性。关于这一点，舒茨说：

> 当我们谈到客观意义时，不仅指称前面已说明的广义的意义脉络，而且也指称理想对象性（ideale Gegenständlichkeiten）、记号和表达、语句与判断，这些都有客观意义。我们之所以这么做，重点在于，这些理想对象性本身——就它们的匿名性而言——富有意义而且可理解，不论是否有人想到或使用它们。例如，“$2\times2=4$”这个判断具有客观意义，不会受到使用者的看法之影响。一个语言命题就像是一个客观意义脉络，它独立于判断者当下的情况。第九交响曲的主题本身就富有意义，我们可以不必追问贝多芬借此想要表达什么。在此所谓客观意义一词是指一个意义单元，可被视为理想的客体，但只有当表达（Ausdruck）是意指（Bedeutung）时，它才真正是客观的。自从胡塞尔的《逻辑研究》问世以来，我们知道，作为意识动作的意指（Bedeuten）与作为理想单元（ideale Einheit）的意指（Bedeutung），两者是相对于各种可能意识活动之流形（Mannigfaltigkeit）而

> 区别开来的。胡塞尔所提出的区别，一方面是基本上主观而偶然的表达，另一方面则是客观的表达，这个区别只是普遍基本认知的一个特例而已。如果只根据声音的表面内容就可以理解，不必理会说话者与说话情境，那么这个表达就是客观的。相反的是，如果表达必须根据说话者与说话情境才能决定当时实际上的意义。则本质上它就是主观而偶因的。（*SA*, 44）

所谓记号属于一个既定记号体系的意思是，唯有当“客观意义”不管是设定记号者或诠释记号者如何使用它都是单义的可归类（einsinnig zuordenbar）时，一个记号就是属于一个既定记号体系的。（*SA*, 172）这意味着，任何“熟悉”这套记号体系者，能够就它的意指功能去理解被指示者，无论它是被谁或在何种脉络下被使用。

在记号体系内，记号具有“总是一再地”（immer wieder）这种理想性质。如果人们想要掌握外国语言中某个文字的意指，他们可以借助于字典，也就是人们从这里可以掌握到记号在语言记号体系当中的客观意义。但是包含在字典中的文字总体（Inbegriff）并不等于语言（die Sprache）。字典所包含的仅仅是语词的客观意指而已，我们对这些意指所做的理解不需要涉及文字使用者如何使用它们或是在什么样的情况下使用它们。换言之，这种理解并不涉及胡塞尔所谓的“基本上主观而偶因的表达”，所谓“主观而偶因的表达”意味着我们必须

“根据说话者与说话条件，才能决定当时的与实际的意义。”（见上一页引文），例如相对于说话者而言，我们才能够真正明白他所说的“左”“右”“这里”“那里”“这个”“那个”以及“我”等语词的含义。以上这些语词当然都可以在字典内被找到，原则上也都是可被翻译的，但它们之所以能够真正地被理解，则有赖于它们与使用它们的人之间的特定关系。一旦我们将这个人在时间空间上加以定位，那么我们就可以说这些语词除了字典所提供的客观意义，还有另一个兼具主观与偶因的意义。舒茨指出，任何一个使用记号的人，当他想要对别人表达他在意指某物或某事态时，他便赋予这个记号以特定意义，而这个被附加的意义（也就是主观而偶因的）乃是环绕在记号的客观意义周围的。

从“普遍与偶加”角度所诠释的主客观意义不但与个人的语言世界相关，也和整个语言族群有关。舒茨说：

> 歌德（J. W. Goethe）所采用的“魔力的”（dämonisch）一词之含义，在歌德的世界图像里有着重要性，雅斯贝尔斯让我们明白，只有透过他自己的语言，我们才能懂他的作品。只有透过语言工具的辅助，仔细研究法国文化史，我们才能理解法国人口中文明（Civilization）一词的主观意义。（*SA*, 174）

总之，为了深入了解文字，我们必须对使用者的精神结构有所掌握，即所谓的时代精神与特殊文化社会环境。如果诠释者想要完全理解记号设定者，那么除了客观意义之外，他还需要考虑使用记号时的特定情境，以及记号与被意指物之间的关联。

（四）理解他人与记号的意义

当我们对舒茨有关主观意义与客观意义的看法有所掌握之后，则对于他在“理解他人”，特别是“理解他人所使用的记号之意义”方面的论述便能够有更好的了解。舒茨强调，他的说法与一般强调设身处地的“同感”（Einfühlung）说法全然不同。他指出：

> 同感理论的错误在于，首先它天真地试图从我的意识导出（以超越论现象学的方式才能获得的）他我的构成，因此在同感中他我的存在得以被认识是有其根源的。其次，同感理论除了主张他人的意识流和我的意识流在结构上相同之外，还宣称能够提供有关他人意识的特定状态之知识。（*SA*, 160）

从而，在与同感理论的对比之中，我们可以确认意义脉络的重要性，我们所理解的他人（行动意义等）乃是就他的意义脉络或经验图式来说的。我们对于他人的理解，即便仅仅是特定经验，也不免涉及对背后脉络的理解。假如我们所理解的意义就是他人所赋予自己行动的意义，则这项理解是恰当的。当然值得一提的还包括另外一点——他人的表达方式不会局限于身体动作或是脸部的表情，还包括了记号的使用，舒茨因此也对记号理解的问题做了分析。上一节谈主客观意义问题的时候已经涉及记号的问题，但是在此我们将对舒茨的“记号”观点做比较完整的解释。

首先，记号都是由特定符号所构成的，它是典型的人文精神世界的产物，舒茨说：“自然世界中，并没有记号（Zeichen），只有指号（Anzeichen）”（*SA*, 167）。记号虽然是人所设定的，但并不是任意的。记号必须被放入记号的体系当中才能够获得一定的意义。这是记号本身所具有的客观意义。如同前面所说的，这个意义是每一个使用该记号的人都会认可的，它不能够随意更换，而是具有一定的稳定性。舒茨举例说明：

> 每个德文语词都是处在德语这个意义脉络之中，地图上每个符号都处在地图的记号体系意义脉络，音乐的体系则是每个音符所在的意义脉络。（*SA*, 169）

熟悉记号体系的人总能够领会该体系的记号所表达的意义，不论这个记号是由谁使用或在何种情况下被使用。舒茨说：“在记号体系里，记号具有‘总是一再地’（Immer wieder）的理想性质。（*SA*,172）”这个理想特质使得记号的意义超越了使用者在特定情境下所造成的偶然性。

然而记号如果只能表达这种客观的意义，则记号的功能将大为降低。事实上，人们使用记号是为了表达或是传递某些意识活动的内容。舒茨说：

> 任何一个使用记号的人，借此他想要向别人指出某物或别人想要借着该记号对他指出某物，赋予这个记号以特定意义……这附加的意义环绕着记号的客观意义核心。（*SA*, 172）
>
> 如果诠释者想要完全理解记号设定者，那么除了客观意义之外，还需考虑当时记号使用者的经验特性，还要考虑记号与指称物的关联。（*SA*, 174）

所以说，

> 对他人所使用的记号之诠释，包括两个部分：关于记号本身的客观意义之经验，还有它的主观而偶加的意义之经验，琐碎意义或后面意义，被意义设定者附加在记号的客观意义上。（*SA*, 176）

记号是人们进行表达活动时不可或缺的媒介，我们透过记号对表达者进行诠释性的理解，记号的客观意义固然重要，但是往往比较不受到重视。因为人们所重视的仍然是透过记号指向表达者所想要表达的内容，就是舒茨所指的“主观意义”。

这项偶加的主观意义往往在言说过程当中有脉络可寻，所以为了能够理解它，我们必须将它放置到整个言说的脉络里才行。记号设定者所附加的主观意义必须被放在言说的意义脉络（也就是以未来完成式所勾勒出来的）之中去呈现。

记号的重要性在于它是表达的媒介，但是人所创造出来的产品，不论是精神意味比较高的艺术作品、宗教仪式、政府组织或是日常生活时常接触的工业产品、日常用具等等，则不见得就是媒介，如果我们想要理解它们，方式必然和理解记号有所不同。舒茨说：

> 任何人接触到某个既存的制造品时，可以用两种不同的方式加以诠释：一方面他可以专注于它的对象性，包括实在或观念的对象性，但与制造者无关；另一方面，他可视之为制造品在制作过程的意识内容。在前者，诠释者的诠释图式包含自己关于对象的经验。而在后者，诠释者的注意力指向制造者的意识构成活动（不论是自己的或他人的都一样）。（*SA*, 187）

所谓制造品的主观意义意味着“我们能在自己心中同步或拟同步进行制造者所体验的多元活动。我们能看到他人体验的发生，可以观察到它们逐步地形成。对我们来说，他人的制造品是那些体验的指号；对于他来说，这个体验位于某个意义脉络之中。”（*SA*, 187）反之，如果我们不理会制造品的实际产生过程，而只重视产制的最终结果，也就是把它看成是在制造者的意识中过去事件的沉淀，那么这便是对制造品的客观意义所进行的诠释。

诠释者所理解的制造品的客观意义是理解者在自己的意义脉络当中所进行的理解，而制造品的主观意义则是在他人的意义脉络当中所进行的理解。舒茨说：

> 客观意义只形成于诠释者意识中的意义脉络，而主观意义则指称了制造者意识中的意义脉络。（*SA*, 188）

除此之外，舒茨又指出：

> 在理解主观意义以及理解纯粹客观意义之间，有一系列的中间阶段，这是以社会世界的独特结构为基础，这个结构包括周遭世界、前人世界、共同世界与后人世界。（*SA*, 190）

这里涉及了社会世界结构的问题，对于舒茨的社会世界理论而言，这是相当核心的部分。所以接下来我们将阐释舒茨如何分析社会世界的结构。

六、社会世界的结构分析：社会的周遭世界、共同世界、前人世界与后人世界

舒茨在对社会世界进行结构分析当中，十分重视“社会的周遭世界”与“社会的共同世界”这项区分。前者就是所谓“面对面的关系”（face-to-face relationship），后者则是借由“类型化”（Typisierung）所建立起来的社会关系。在“周遭世界”中，他人以具有明证性的方式自我呈现，他与我共享同一个空间时间，他人的表情、语言和沟通意向都直接展现在我眼前，反之亦然。在“共同世界”之中，他人则是仅仅以类型化的方式呈现，我只是根据我在周遭世界中对他人的经验来推断“共同世界”中的他人之可能经验。基本上我们可以说，我所能直接经验到的人非常有限，大部分的人都是以类型化的方式被我所经验的。

“社会的周遭世界”与“社会的共同世界”之区分对舒茨的意义主要在于说明社会科学思考的特质。社会科学家对社会世界的研究原则上建立在所谓“共同世界之观察”（mitweltliche Beobachtung）的基础上，它既不同于“周遭世界的观察”（umweltliche Beobachtung），更不是周遭世界当中的社会互动经验，因为社会科学家与被观察的人彼此之间完全没有互动的关系，前者只是以置身事外的方式去面对后者，而且是以概念建构的方式来进行——正如韦伯——借由理念型

（Idealtypus）来面对对象那般。社会科学家的观察当然可以回溯到“周遭世界之观察”而被修正，因为后者的对象是活生生地呈现在眼前，而非只是借由理念型概念间接地被认识而已。舒茨在此所要强调的乃是社会科学的概念不是凭空出现，而是以具有明证性的生活世界经验为基础的。

（一）社会的周遭世界

“社会的周遭世界”具有以下几个特点：

首先，周遭世界中的他人都是以切身的（leibhaftig）自我呈现的，即他人的表情和肢体动作都表现为具体鲜明的样态。当我经验眼前的人时，把以前对这个人的认识尽可能地派上用场，而这种认知有可能在眼前的经验中再度得到证实，当然也可能被修正或补充。舒茨指出：

> 在接触他人之际，我具有过去构成的全部储存知识。包括对他人的一般认识、我对他人的特殊认识、有关他人的诠释图式、习惯，以及语言等知识，自然理当具有他人目的动机与原因动机等知识。当我和某个人面对面时，我对他的认识会随着时间的前进而增加，我对他的看法也会经历不断修改而成为具体的经验。（*SA*, 235）

总之，在周遭世界的经验里，我总是带着知识储存（Wissensvorrat）在经验对方，无论是一般性的知识或是针对特定他人知识储存。

周遭世界中的你和我有着眼神的交换，而这对于掌握彼此的意识流程与意识内容是有帮助的。舒茨说：

> 只有在社会的周遭世界中……我们的眼光才会实际地交会；也唯有在此，一个人才能实际地注意到别人如何注视着他自己。（*SA*, 233）
>
> 如此这般对于对方意识之注视的相互缠绕，而这当中的看（Blick）又仿佛是在两面互相映照的镜子中进行，自我成为影像被抛回来，这正是周遭世界社会关系的特别之处。（*SA*, 236）

因此，双方都有机会参与另一人行动构想的实现过程。而且，我总是可以检验我对他人的意识体验之诠释是否恰当。在周遭世界关系中，人们有着实质的互动关系（Wirkensbeziehung），我可以预知他的行动构想，并依据这一了解调整我自己的实质行动。在这一互动当中，我的意识流和你的意识流处于同步状态。

再者，我的周遭世界与你的周遭世界是相同的；我们有着相同的周遭世界。舒茨说：

> 当我和你处于周遭世界情境时，我可以在我们一起拥有的环境里指着某些物体而说这个桌子，并借由

对环境中的对象之相同经验，我确信我的诠释图式对你的表达图式来说是适当的。对社会生活的实践来说相当重要的一件事是，我能确信我对一个对象的诠释就是和你对它的诠释没有不同，至少就同一个对象而言是如此的。（*SA*, 237）

在周遭世界里我的诠释图式与你的表达图式容易达成一致，尤其是针对共同环境当中的特定对象（例如一张桌子）来说。舒茨正是从这一点去说明交互主体世界或是“我们”世界的含义的。他说：

我的环境与你的环境是相同的，我们的环境是一体而共同的。我们的世界（die Welt des Wir）并不是我的或是你的个人世界，而是我们的世界（unsere Welt），是一个共同的交互主体性的世界（uns gemeinsame intersubjektive Welt），它就在那里。只有从这里，从周遭世界的社会关系，从我们对世界的共同体验出发，交互主体的世界才可被构成，交互主体的世界从这里获得其原初而真正的效力。（*SA*, 237-238）

舒茨认为，社会关系是从“你注意到我”开始的。每一位行动者都会以他人的原因动机或是目的动机为导向。在这样的关系中，我将自己的经验看成是你的目的动机之所在或是原因动机之结果。舒茨说：

> 一旦我确定你和我正处在周遭世界的关系中，我就会具有特定的注意模态，在此之中我的意识与你的意识都专注在当下的如此状态。这意味着我们自己的意识体验，受到了我们关系的影响。这点对我们两个人来说都是如此。只有当社会世界中的你不论以何种方式注意到我，社会关系才真的开始。（*SA*, 238）

根据以上这些描述，舒茨强调，“只有从社会的周遭世界关系，从我们对于世界的共同经验开始，所谓的‘交互主体性’才被建构起来。”（*SA*, 237）然而舒茨说这是一个“充满内容的我们关系”（inhalterfüllte Wirbeziehung），它不同于“纯粹的我们关系”（reine Wirbeziehung）。所谓的“纯粹”指的是不具有任何内容，因此不出现在任何具体的经验中，如同舒茨所说的“你的此在”（Dasein von Du）是不存在于任何经验当中的，因为在具体经验中总是已经有着某种“如在”（Sosein），也就是具有特定内容或是状态的存在。“纯粹的我们关系”可以说是一种极端状况，舒茨把它称为“极限概念”（Limesbegriff）。在现实经验中最为接近这种极端状况的乃是他所举的例子——两个人一起看着一只鸟从眼前飞过。他说：

> 假定我和你一起注视着一只小鸟在天空飞翔，则首先在我的意识中所构成的对象小鸟飞翔对我来讲具

有一个在自我诠释中所掌握到的意义，而你也可以从自己的意识体验去做同样的活动。总之，我们无法确认在那个情况之中我们的体验内容是否完全相同。实际上，这个问题是得不到任何确定答案的，因为一个人的体验内容是不可能拿来跟另一个人的体验内容做比较的。

然而就在小鸟飞翔的时候，我和你已经一同老化，对我来说你的绵延与我的绵延同时前进着，正如同对你来说我的绵延与你的绵延同时前进着一般。也许在我注视着小鸟飞翔之际，我从眼角瞥见你的头转向与我相同的方向，因而我可以说我们两人一同看到了小鸟的飞翔。这个例子显示，我在时间层面上整合一系列我的经验与你的经验。则我可以说，我和你，我们已经看到一只小鸟飞过。因为在小鸟的飞翔过程中，我将我的意识流程与你的意识流程加以并列，但此时我只不过是假设，在你的意识中有着一般体验（Erlebnisse überhaupt）在进行着，它和我所知觉到的小鸟飞翔是对应的。至于你的体验内容，或它们的特殊建构方式等任何知识，我都不做任何判断。对我来说，我只要知道你是注视相同事物的另一个人就足够了。而如果你也以类似的方式来整合我和你的经验，那么我们两人就可以说我们看到一只小鸟在飞翔。（*SA*, 229）

这个时候的“我们关系”几乎没有任何内容，但还是有着“小鸟飞行”的意识。因此它仍然不等于“纯粹的我们关系”。“纯粹的我们关系”是由两个纯粹的“朝向你态度”（Dueinstellung）所构成的。后者意味着“我对你做好准备，将注意力朝向你”，此时它没有任何的内容，只是纯粹的形式，它也是“极限概念”。如果“朝向你态度”是相对应的，亦即对方也是同样对我有着“朝向你态度”，那么这时候“社会关系”便形成了，这也就是“纯粹的我们关系”。“纯粹的我们关系”可说是“社会的周遭世界”的根本基础。这意味着，生活世界中活生生的社会关系预设了纯形式的“我们关系”及“朝向你态度”。

（二）周遭世界的观察

观察活动与处在社会关系之中的活动是不同的，前者只具有单向的“朝向你态度”，后者则是双向的。例如当我观察他人的行动时，他人并不知道正被我观察着或未对我的观察加以注意，这便是典型的观察活动。现在所出现的问题是，我如何能够知道他的意识内容？关键在于身体，他的身体可说是他内在意识的表达领域。我把他人的身体知觉为他的意识体验之记号，把他的动作、谈话等当作他的意识体验之证明。这时候，我将注意力指向所知觉到指号的主观而非客观意义脉络。身为一位直接观察者，我可以掌握到意识体验的构成过程。而这之所以为可能，舒茨强调，“乃是因为他人的经验与我客观地诠释他的谈话及姿态同时进行着。”（*SA*, 241）

换句话说，周遭世界的观察是一种直接的观察，我们对他人的身体、姿态、语言表达有直接的经验，更为重要的是，由于他的身体表达行动与我的观察是同步进行的，因此他的活动的前后阶段都可以被我直接经验到。这一点正是“社会共同世界的观察”所欠缺的。

（三）社会的共同世界

相对于社会周遭世界所具有的人与人之间的直接经验，共同世界的特质乃在于间接性。在这个领域中所呈现的对象不限于具体存在的个人，因为制度性的存在如政府、公司乃至于记号规则、法律规章、行为规范等也都包含在里面。舒茨将它们分为四种类型，分别是：

1. 我认识的他人，但当下不在眼前。

2. 我不认识的他人，而是我的亲戚朋友等人所认识的人。

3. 具有特定功能或社会角色的他人，他不会以具体的个人现身，而是以特定类型出现。就算他以个体化的型态出现，也是被我当作该类型的具体化。总之，抽象的类型是优先的，具体的个人则是次要的。例如邮差、交通警察等。

4. 社会集合体（soziale Kollektiva），不再是可以个别化的个人存在，而是一些组织机构，甚至于是一些规范或是规章，例如政府、工会组织、宪法、交通规则等等。

共同世界之构成的前两种方式：一是我曾经有过亲身经验的人，只是目前不在眼前；二是我没有任何亲身经验的人，我只是透过他人的描述知道他。这两种方式都仍然奠定在周遭世界的基础上。舒茨在描述第一种类型的人时，指出他具有“从周遭世界过渡到共同世界”这个特性。例如当我和朋友结束聚会要分手告别时，“随着身体与空间上的直接性逐步递减，我们也由周遭世界的社会经验渐渐转移到共同世界的社会经验去。”共同世界与周遭世界之间存在着联系的中间阶段，“其特色在于身体征兆的减少”。假定我有机会看着他渐次走远，则在什么时间点上他离开我的周遭世界而进入共同世界，很难确定清楚，因为总是存在着中间的模糊地带。在以后的时间里，由于我们无法面对面接触，所以只能借着电话或是透过信件保持联系，传递彼此的讯息，有时候甚至于要经由第三者传来消息。经由类似的例子，舒茨对于由周遭世界转移到共同世界的渐进过程做了清楚的说明。于此情况下，共同世界只能说是周遭世界情境的一个变异与转折，两者不是截然对立的关系。

由于每个人的意识体验不断地变化着，所以随着经验的增长，我的朋友很有可能会采用新的角度去看事情。严格说来，随着经验与看法的改变，他已经变成不一样的人了。但是在日常生活中，我往往忽略这个事实，而紧抱着过去的影像不放，以为他还是不变的老样子。但是从我的角度来看，在下一次跟他作面对面的接触之前，他是不折不扣的“同时代人”。这位朋友在此情况下，不可能以“前述谓方式”被经验为一个自我，而是只能被“述谓性”（prädikativ）地经验到（*SA*, 253）。共同世界的他人从来都只能够间接地借由描述的方式显现出来，那个在周遭世界才有的“前述谓经验”在共同世界里是不存在的。

其次，就“我不认识的他人，而是我的友人所认识的人”这种类型而言，是来自“别人对自己过去的周遭世界之说明有关，也就是与所有从朋友、老师，还有从书本以及从不知名人士的报道所得知的共同世界有关”（*SA*, 254）。虽然他不是我曾经亲身经验过的人，但他毕竟是某些人（例如我的朋友）的周遭世界中的其他人，所以对这种类型的人的经验基础仍然是在于周遭世界。

第三种类型乃是具有特定功能或社会角色的他人，这种类型的他人从来不会以具体的个人出现，而只能是特定的类型。就算他以个体化的型态出现，也是被我当作是该类型的具体化。换句话说，抽象的类型是优先的，具体的个人则是次要的。舒茨解释道：

> 我的伙伴在社会关系中并非以个别的如此状态出现，而是以“邮差”“接受使用金钱者”或是“警察”等身份出现。我赋予他们特定的行为、特定的功能：

> 只有当他们是功能的承载者时，他们在我的共同世界朝向态度里才算是相关的，也就是作为类型或者理念型而相关。至于他们的行为对他们自己的意义为何，我不去在意。我依照过去的经验认定“某一种人”会表现出某些典型的行为。这些邮差或是货币接受者的行为首先原初地出现在我的客观意义脉络之中，在我的朝向社会共同世界之态度中他们并不是具有自我的个体，而是“像他们这一类的人”“如同你们这样的人”，简单地说，以类型出现。（*SA*, 258）

这一种类型的人不是没有意识，只不过作为类型的存在，他不指称特定的个人，所以这种意识不像是周遭世界中的人那样具有鲜活的流动历程，这个意识反而是被“总是再一次”的观念化所掌握，而成为特定理念型的存在。接着舒茨对适用于这类型的他人的理念型做了解释。他区分了“个人理念型”与“行动理念型”两个概念。（*SA*, 262）

基本上，“个人理念型”是以“行动过程类型”为基础的。（*SA*, 263）这是因为在社会的共同世界里，个人的实质存在不重要，个人的存在特质，亦即他是个会采取什么样行动的人才重要。例如我们对邮务人员的界定是“处理信件的人”，这时候究竟是哪一位邮务人员在执行这个活动并不重要，重要的是只要能够把信件送达目的地就行了。其次，在这个情况下，执行工作的这位邮务人员究竟为什么要从事这项工作，也就是说他当时的主观经验是什么，对我们来说一点也不重要。“邮务人员”作为个人理念型只具有典型的行为模式与行为动机，而他的行为则被认定为是可重复的。

舒茨强调：“把个人理念型当成真实的人是一种幻觉，事实上它只是一个幻影。它“生活”在虚幻的时间向度里，没有人能够经验到它。它只具有极少的主观体验而且只是既存行为的主人。”（*SA*, 268）这等于说，虽然原则上共同世界中的他人也都是活生生的个人，但是在我们的认知里，他们却只是类型化的存在而已。

最后是有关“社会集合体”的问题。“社会集合体”不可以被个别化为个人的存在，因为它们是一些组织机构，甚至于是一些规范或是规章，例如政府、工会组织，宪法、交通规则等等。舒茨说：

> 在我们经常使用的词语中，有一些理念型诸如“政府”“报业”“经济”“国家”“人民”，或“劳工阶级”等都成为文法上的主词，这些名词都是以理念型方式被构成的共同世界之他我。这种表达方式其实只是拟人化的比喻罢了，其目的在标明特定的事态，在极端的情况下，它根本就不能指称共同世界中的任何一个行动者，也就是相对于他的意识而言，外在的流程可被放到他的主观意义脉络里。（*SA*, 279）

虽然，政府的每个“行动”都可转化成政府工作人员的行动，我们可用个人理念型来理解他们，并以“朝向他们态度”（Ihreinstellung）来面对他们，把他们当成是同时代人。也就是说，从社会学的角度来看，“‘政府’一词只是若干共同世界之个人理念型的高度复杂网络的一个缩影”。（*SA*, 279）但这时，我们忽略了类型化个人的意识体验是可以认识，而集合体的意识体验则否。换言之，集合体“行动”的概念中缺乏可接触的主观意义脉络。

以上是对于社会的共同世界四种存在类型之说明，我们接着要进一步阐释共同世界的基本特质。首先，“朝向他们态度”（Ihreinstellung）是共同世界的基本特质（相对于“朝向你态度”之于周遭世界）；另外，共同世界的“如在”（Sosein）则相对于周遭世界的“此在”（Dasein）。舒茨说：

> “朝向他们态度”一词指的是意向地朝向共同世界的意识流程之活动所具有的重要特质。相对于“朝向你态度”，它所指向的他我之意识本质上具有或多或少的匿名性。质言之，我对社会的共同世界之体验不蕴含我的经验性活动关联到他人的意识体验，也就是与任何真实的意识流程有关。因为共同世界态度的对象并非一个具体个别存在的你，也就是真实被体验到的他人意识流程，以及在其中能够从事体验活动的意识内容，也不是他人意识体验所在的主观意义脉络，

> 而是我对一般社会世界以及对他人一般意识体验的经验，完全不去管这些意识体验是否真的属于某一个人。所以我只是以判断或推论的方式认识共同世界，而这种认识主要在客观的意识脉络之中进行。它未指称个人，也未涉及构成经验的主观脉络。由于它从主观意义脉络脱离出来，我们用“总是再一次”（immer wieder）来指明其特质。它们被视为他人典型的意识体验（typische fremde Bewusstseinserlebnisse），基本上它是同质性的而且可重复的。（*SA*, 256）

基于共同世界中的人的理念型，我们所面对的对象并不是具体直接的他人，而是他与其他人共同具备的特质。诠释同时代人的典型行为，就是说明这个行为是“他们其中之一”的行为，以及“这种人”的行为。

纯粹的“朝向你态度”仅仅是由觉察他人的存在所构成的，至于他人特质的问题则比较不重要。相对而言，纯粹的“朝向他们态度”是以他人的“如在”为基础。由于“如在”是类型化的，因而可以一再地被设定。一旦我设定这样的类型化特质，便假定了这些特质是真实存在或曾经存在过，只不过这不等于说他们是存在于特定时空的特殊个人，因为同时代的他人存在只是某个类型的个体化而已。

共同世界中的人，由于彼此相互采取“朝向他们态度”，因此彼此认为对方是“他们其中的一个”。如此一来，我也不被共同世界的社会关系的另一方视为真实的人，并且我只能期待对方对我的行动有类型化的理解。

所以在共同世界的社会关系中，每一方都是以理念型来理解另一方的，每一方都觉察到这种相互理解，并且都期待他人的诠释图式和自己的相一致。总之，共同世界的社会关系与周遭世界情境完全不同，在周遭世界关系中，我和对方都能觉察到彼此意识体验的细节。但是在共同世界的社会关系中，这些细节则被一个假定的共享诠释图式所取代。舒茨说：

> 当我能以越多的理由来期待另一方产生适当的反应时，我归属给他的图式就越是标准化。这种情形就是来自法律、政府、传统，以及所有各种秩序体系的图式，并且特别是以手段—目的关系为基础的图式，简单地说，就是韦伯所谓的“理性”诠释图式。（*SA*, 284）

再者，类型化的问题与关涉性的问题（Problem der Relevanz）有关。舒茨说：

> 每个理念型建构都受限于观察者当时的知识范围。我们的例子已经明白显示出意义脉络、诠释图式，与理念型都是彼此相关的。它们是对一个共同问题的不同表达，这个问题就是关涉性。（*SA*, 272）

所谓“关涉性”就是兴趣的相关性。社会的共同世界所经验到的他人会以怎么样的面貌出现取决于我对他的兴趣。兴趣架构（Interessenlage）会决定问题的结构（Problemstellung），而且也决定我会采取哪一些理念型来面对他人。“随着每一次兴趣架构以及问题的改变，理念型也会随着改变。”（*SA*, 285）最后，舒茨提到了“共同世界的观察”。在直接的周遭世界，参与者与观察者大不相同。然而在共同世界，这项差别便消失不见了。因为在共同世界中我们根本不可能接触到真实的人。在这样的世界中，不管我们是参与者或观察者，我们所处理的只是理念型。我们的经验全部都是属于“他们”形式，而不是“你”的形式。“共同世界的观察”对舒茨来说是很重要的，因为它跟社会科学的观察活动已经相当接近。这一点稍后再详细解释。

（四）前人世界与后人世界

我们对于前人世界与后人世界的经验乃是以共同世界的经验作为基础的，也就是说，两者都是以类型化经验的知识为基础的。前人是属于过去的人，他的经验和我的经验没有时间上的重叠。前人世界就是完全由这种人所组成的。前人世界存在于我出生之前，因此它的特质早就已经确定下来。舒茨说：

> 前人世界是已经结束、已经过去。它不具有未来

> 开放的视域。前人的行为并不是未决定的、不确定的，或有待实现的。（*SA*, 292）

所以，对于前人世界我们只能够采取单向的“朝向他们态度”去面对。祖先崇拜仪式可以说就是这种前人世界经验的典型例子。另外，舒茨说明诠释前人世界经验所采用的特殊模式如下：

> 我们用来诠释前人世界的图式必然不同于他们诠释自己世界的图式。如果我诠释一位同时代人的行为，我大可假定他的经验与我的经验相类似。但是假如要理解一位前人，则我的失败机会将大为增加。我的诠释必然是模糊而不可靠的。这点对于过去时代的语言还有其他符号也适用。这种客观的记号体系基于约定俗成而固定下来，所以能够提供相当稳固的基础。但是在探讨前人所使用的记号时，我却无法确定自己的诠释图式与前人的表达图式是否相互一致。（*SA*, 296-297）

如果前人世界是全然固定而确定的，周遭世界中的邻人是自由的，共同世界中的他人是依赖于类型而被决定的，那么后人世界便是完全未决定（unbestimmt），并且无法决定的（unbestimmbar）。舒茨说：

> 我们对后人的朝向态度仅仅是：我们将会拥有某些东西。我们没有任何钥匙可以打开通往这个领域的门，即使理念型的方法也无法办到。因为理念型的方法是以我们对前人、邻人，与同时代人的经验为基础的，原则上它不允许被扩展到后人世界去。（*SA*, 301）

虽然，我们的某些邻人与同时代人会比我们活得更久，而我们也假定他们会继续以目前的方式去行为。如此我们就能在两个世界之间设定一个过渡领域。不过舒茨强调："这个后来才形成的世界，越是远离此时此地，则对它的诠释也就越不可信。"（*SA*, 301）

（五）社会科学知识与共同世界中的观察之异同

社会科学与它的研究对象之间的关系，和共同世界的观察与它的观察对象之间的关系，两者十分类似，都是以理念型作为理解或是观察的媒介。当然差异还是存在的。首先，前者毕竟是一种科学活动，这意味着它是脱离生活的，原则上跟研究对象之间不存在着任何的互动关系。互动关系只能够存在于社会的周遭世界之中，所以社会科学家是脱离他所研究对象的周遭世界的，他不参与这个周遭世界的任何运作，而是超然地以客观观察者的身份面对其研究对象。共同世界的观察则有所不同，虽然共同世界的构成是基于"朝向他们态度"，人与人彼此之间互相把对方当作是"他们"之中的一个人，而不是面对面当下的活生生个体，而共同世界的观察更进一步地把这个间接经验到的他人当作理念型的存在，去界定其行动的基本模式。但是共同世界的观察基本上还是“生活”当中的一种活动，这项活动不具有科学所要求的严谨性，它不必去在意他所建构的理念型也好，行动类型也好，能否得到其他人的认可，或能否适用于其他的脉络。换句话说，这种观察以及观察的结果或多或少还是具有一定程度的任意性。

科学的活动就不一样。科学在探讨活动的过程中所使用的理念型概念必须具有科学性的知识脉络作为背景。它除了在建立过程中必须满足科学的形式要求，还必须与到目前为止的知识成果兼容，诚如舒茨所说的：

> 整个关于世界的所有思想结果都必须放在科学经验的整体脉络当中，而在社会科学中所使用的诠释图式必须与世界（不仅仅是社会世界本身）的科学经验之整体脉络相一致。（*SA*, 316-317）

换句话说，科学的研究必须以“客观的意义脉络”为基准。于此基础上再进一步去探索行动者（也就是被探讨的对象）他的主观意义脉络。如此一来，我们便能够明白舒茨下面这两段话的含义：

> 科学永远是一种客观的意义脉络，所有关于社会

> 世界的科学论题（das Thema aller Wissenschaften von der Sozialwelt）都是针对一般的或特定的主观意义脉络去构作客观的意义脉络。（*SA*, 317）
>
> 作为类型化经验的社会科学的经验依旧是客观意义脉络，纵使它以类型化方式所掌握的对象乃是主观意义脉络(也就是在个人理念型中所进行的意识流程)。（*SA*, 317）

而社会科学问题的本质，对他来说，更是可以用“关于主观意义脉络的科学是如何可能的？”（*SA*, 317）这个问题来加以表述。

（六）社会科学的知识建构：有关主观意义脉络的客观意义脉络

被建构出来的理念型所涉及的个人，所谓的“个人理念型”和在真实生活中活动的个人是有明显差别的。后者的行动具有开放性，存在有被改变的可能性，也就是一般所说“自由的”。然而作为理念型的个人便非如此。舒茨说：“社会科学对日常生活中的人之理解，绝不是具有独特意识的活生生个体，而是欠缺绵延或自发性的个人理念型。”（*SA*, 340）这样的“个人”具有“明确不变的动机”，依据这个动机我们又可以引导出固定模式的行动来。例如如果我们建立了“官僚”这样的理念型，则种种典型的官僚式行为便附加在这个理念型之上。

科学所研究的“个人”因为不是真正的活生生的人，而是被建构出来的，所以我们很难说这个“个人”具有什么样的“主观意义”。因为再怎么说只是社会科学家所建构出来的客观意义罢了。正如舒茨所说的“在理念型的建构过程中，主观意义脉络已渐由一系列客观意义脉络的系统所取代。”（*SA*, 341）不过，就像我们之前所说的“从自己的意义脉络去理解他人”和“从他人的意义脉络去理解他人”两者仍然是可以被区分的。社会科学家的目的在于揭示社会的真实面貌，能不能对社会世界做适当的阐述才是重点所在。假如社会科学家所提出来的都是脱离社会真实现象的揣测或一厢情愿的见解的话，是不可能满足科学的客观性要求的。因此，现在的问题重点在于，究竟社会科学，特别是韦伯的理解社会学所说的“主观意义脉络”该如何加以解释?

关于这个问题，我们必须强调，这个被社会科学家所建构出来的“主观意义脉络”，目的在于能够适当地对社会现象作解释，所以绝不是被任意构造出来的，而是有其一定的脉络可循。这个被建构出来的个人主观意识所具有的内容是固定不变的。这个主观意识被理解为具有特定的目的动机，在特定机缘底下会有固定模式的行为反应，仿佛机器人一般。所以它只是类型化的存在，不指称任何特定的真实个人。既然这是个类型化的“个人”，因此他的主观意义是可以被充分掌握的，如此一来，在理解社会学中所说的“从客观意义脉络出发去掌握主观意义脉络”乃成为可能。而我们在一开始引用舒茨的那一段话："所有关于社会世界的科学都是有关主观意义脉络的客观意义脉络"因此也能够被理解。

七、结论

对于本文一开始所提出的问题，舒茨的现象学思想该如何在现象学运动当中加以定位？根据以上的分析，答案应该是很明确的。舒茨自己所肯定的："任何试图探索社会实在的现象学尝试，恰也存在于胡塞尔所提出的论点中"（Schütz, 1977: 126）这句话在现象学心理学的脉络里完全得到回应。让我们从两方面来回顾一下舒茨与胡塞尔对现象学心理学的看法是如何相互一致的。

首先，胡塞尔强调，现象学心理学所研究的对象是生活在自然态度中的人，包含自己与他人，也包括个人的心灵与群体的心灵。自然态度所蕴含的"一般设定"，对世界的存在从来不加以质疑，所以这也使得现象学心理学是一门有关于世界现象的科学，虽然它跟一般的经验科学有很大的差别。舒茨肯定描述自然态度的思维方式就是现象学心理学的主要内容，而针对"一般设定"的内容，他除了肯定"世界存在"从来不被质疑，更进一步补充"他人的存在也不被质疑"和"他人也会赋予其行动以意义"等等对于他的社会理论十分重要的两项设定。

其次，现象学心理学作为先天科学，即经验科学的本质所在，也是同时被胡塞尔与舒茨所肯定。胡塞尔认为，现象学心理学所谈的先天性是所有的意识经验或是心理现象的根本条件。他将现象学心理学比喻为数学或是几何学，后者是自然现象的先天科学，前者则是意识活动或心理现象的先天科学。但胡塞尔同时也强调，先天科学依旧是对世界现象的研究，而不是超越了这个世界。舒茨在社会科学领域深入探讨先天性的问题，描述社会世界的先天结构，探索所有社会科学不可或缺的基本架构，以便完成为所有社会科学奠定哲学基础的任务，这是他的特殊成就。他首先描述一般人如何借由经验图式（经验的内在模式）来经验这个世界。经验图式对于社会理论的重要性在于，它是人与人之间得以能够相互理解的主要根据。但舒茨强调经验图式不是“先天内在的”，而是从过去的经验沉淀而来的，所以它的根源仍然是来自这个世界，而非超越这个世界。舒茨指出，对他人进行理解都是从自我理解开始的，但这不等于说，人永远只能理解他自己。重点在于，我是使用什么样的架构在进行理解，根据自己的经验图式（或诠释图式）或者是他人的经验图式？舒茨强调，只有在使用他人的经验图式去进行诠释的时候，才能说，我们是在理解他人，当然，接下来还可以区分适当的与不适当的理解。当我使用的诠释图式吻合他的经验图式时，这个理解就是适当的。舒茨肯定，社会关系是从“你注意到我”开始的，活生生的社会周遭世界经验是所有社会经验的起点，只有从社会的周遭世界出发，交互主体性才可能建立起来。在周遭世界经验中一方面以共同的时间流或是一同老化的同步现象作为基础，另一方面则是由“朝向你态度”以及“纯粹我们关系”所构成的。相对而言，社会的共同世界则是以“朝向他们态度”为基础，重视对象的普遍“如在”特质，而不是像周遭世界所重视的个体“存在”。

以上所做的简要回顾表明舒茨的社会世界理论与现象学心理学关系密切，依此看来，我们不仅确立了舒茨的社会理论思想在整个现象学运动中的位置，也可以化解当代诠释舒茨思想的各种见解所导致的困惑。但是我们必须附带指出舒茨对于现象学心理学的接受有其片面性，可能为舒茨的整个社会理论带来一些困难。

当胡塞尔提出现象学心理学时，是将它定位在与超越论现象学的关系里面。现象学心理学不同于超越论现象学，两者使用不同的还原概念；现象学心理学的还原只要求将与被研究者的意识无关的想法或是观念置之不理，要求还原到被研究者的意识活动与意识对象去，而进一步得出一个人或是一群人心理意识不变的结构，也就是他们的先天性。现象学心理学虽然是经验心理学的基础，但仍然是有关于自然态度的科学，所研究的对象是世界里的一分子，如同刚才指出，现实存在的世界始终是现象学心理学研究的基础，所以它不是超越世界的超越论现象学。但是现象学心理学与超越论现象学始终有着平行的关系，而超越论现象学是现象学心理学进一步纯化的结果，因为在胡塞尔的想法里，只有经过最彻底的反省，才能说明现象学心理学所研究的内容之意义所在，这也就是胡塞尔常说的道理：“超越论现象学只是对现象学心理学的学说内容的超越论改造而已。”也是根据这个说法，才有所谓的“在操作超越论还原时，原来自然态度的感知体验会全部保留下来”的情况。现在，舒茨固然十分肯定胡塞尔在超越论现象学所得到的研究成果可以毫不更动地运用在对自然态度意识的描述上面（Schütz, 1977: 126），但却不能认同现象学心理学与超越论现象学的关系，因为他对超越论现象学完全避而不谈。但我们也没能看到舒茨论证说明，超越论现象学的研究成果与描述自然态度意识之间的关系，在此情况下，我们不难发现，他把这个关系当成一种独断教条式的论旨来加以肯定。如此一来，舒茨的社会理论似乎也缺乏严格的证成基础。舒茨如何能够化解这个困难呢？或许舒茨在接受胡塞尔超越论现象学研究成果的同时，也接受他对于现象学心理学与超越论现象学关系的说法会是一条出路吧。

第二部分

生活世界与文化差异：胡塞尔、舒茨与瓦尔登费尔斯

一、问题之提出：文化差异的现象如何在现象学的脉络里被说明?

每个人都生活在他所熟悉的周遭世界，与之相对的则是陌生的世界。这两个世界之间存在着差异是个自明的事实，问题是这种差异该如何去理解？换个方式问，我们可以说世界上存在着各种不同的文化，而文化间彼此有所差异乃是自明的事实，但文化差异的存在是不同的生活型态和世界所造成的吗？或者说文化间的差异必须仰赖共同的世界作为共同基础才得以说明清楚？究竟文化差异的现象该如何去说明清楚？而现象学又是如何思考这些问题的呢？

虽然在现象学的传统中文化差异从来未曾是主要的课题，但此项课题对一些现象学家来说并不陌生。胡塞尔在“他群世界”（Fremdwelt）和“我群世界”（Heimwelt）的区分中，就隐含文化差异的问题（*Hua XV*, c.f. Steinbock, 1995）；再者，当舒茨阐明生活世界的概念时，也曾涉及文化差异的问题。然而，由于胡塞尔认定在不同的“我群世界”中有着“一个世界”（die eine Welt）作为共同基础，而舒茨则借由普遍象征论（universal symbolism）主张不同的生活世界也都具有共同的基础，由于他们两人都比较重视各文化之间共同的部分，未曾对文化差异现象加以重视，遑论解释其意义。在此情况下，本文将提出下列问题：文化差异的现象在现象学之中究竟可以如何被阐释？在试图回答这个问题时，本文一方面将倚重当代学者瓦尔登费尔斯的观点，另一方面则指出，假如进一步地延伸胡塞尔与舒茨的想法，未尝不可以找到解释文化差异现象的线索。为了陈述以上的问题以及相关的讨论，本文安排的结构如下：

I 胡塞尔论他群世界与我群世界
II 舒茨的生活世界理论与文化差异问题
III 共现概念与文化差异现象
IV 瓦尔登费尔斯论文化间的关系

二、胡塞尔论“我群世界”与“他群世界”

胡塞尔用“我群世界”（Heimwelt）和“他群世界”（Fremdwelt）来分别指称“我们自己的世界”和“他们的世界”。“我群世界”意味着属于同一个团体的人基本上皆享有共同的认知模式、行为模式、价值信念、风俗习惯以及经由世代积累而成的传统等等（*Hua XV*，214）。胡塞尔是在生活世界概念的脉络讨论这两个概念的，生活世界超越了“我群世界”与“他群世界”之间的差异性，而且构成两者的共同基础。为了阐释“我群世界”与“他群世界”等概念的含义，让我们先针对“生活世界”这个概念做简要的说明介绍。

在《欧洲科学危机与超越论现象学》（*Die Krisis der*

Europäischen Wissenschaften und die Transzendentale Phänomenologie；以下简称*Krisis*）一书中胡塞尔主要是基于三个目的而提出“生活世界”的概念：一、指出近代以来所发展的“客观科学”，特别是自然科学的基础在于生活世界，借以克服客观主义所带来的弊病；二、指出唯有超越论现象学（Transzendentale Phänomenologie）可以阐明生活世界，因此生活世界可被视为进入超越论现象学的门径；三、指出生活世界是所有不同历史文化世界的共同根基，借以获得了解各个历史文化世界的涵盖性角度。值得我们留意的是，胡塞尔在该书所使用的“生活世界”概念是有歧义的（Waldenfels, 1985: 17; Carr, 1974: 190），有时候这个概念指称具体的生活世界，例如某个人的生活周遭；有时候指的是具有特殊文化的领域，例如由青少年的次文化所塑造而成的世界；也指必须透过思考活动的过程才被认识到的“世界核心”（Weltkern），它也就是所有人都会认可的素朴知觉世界，而所谓的素朴意指它尚未经过文化的解释或重构。（*Krisis,* 171）在这三个不同的含义中，只有第三个可以满足上面所提到的三个目的。严格说来，胡塞尔的生活世界概念指的乃是那个共通于所有人类经验的领域。

此生活世界一方面是在知觉经验中是首先给予的（erstgeben），另一方面则具有最终的调整（letztregelnd）作用（Waldenfels, 1985: 17）。就前者而言，它是所有意义建构的基础（Boden），特别是自然科学的理论建构；就后者而言，它则是所有意义建构的视域（Horizont），也就是我们之所以能够意识到某物的必要条件。[1]

当生活世界被理解为人类各种经验及理论建构的根本基础时，胡塞尔认定它是共通于所有人类经验的领域，就这点来说，生活世界是没有文化差异的，甚至我们可以反过来说，文化差异的问题必须预设共同的生活世界才得以获得清楚的说明，因为不同的文化无非就是对这个共同世界的不同解释。依此看来，胡塞尔的生活世界理论未尝不可以说被“奠基观念”（die Idee der Grundlegung）所支配着。

所谓“奠基观念”是由当代德国学者瓦尔登费尔斯所提出的（Waldenfels, 1985: 15），“奠基”意指“回溯到最终基础或最后原因”（Rückgang auf ein Fundament bzw. letzte Gründe）。他指出，整个西方哲学可以说都被这一观念所支配，而试图去追寻最后的实在。胡塞尔生活世界概念的提出在瓦尔登费尔斯看来无非也是这一传统影响下的产物。

简单介绍过生活世界概念之后，我们现在可以回到“我群世界”（Heimwelt）与“他群世界”（Fremdwelt）等概念去。这两个概念可以让我们对胡塞尔关于文化差异问题的看法有比较多的了解。胡塞尔有关“我群世界”与“他群世界”的论述散落在《交互主体性》（*Intersubjektivität*）第三册（*Hua XV*）当中。胡塞尔是以“邻近的周遭世界之构成”（die Konstitution

---

① Niklas Luhmann 曾经就这一点对胡塞尔提出严厉的批评，他指出基础与视域是互不兼容的概念，前者是我们出发之处，后者则是我们朝向之处，胡塞尔却不加思索地放在同一个概念里。（Luhmann, 1986:177） der unmittelbarsten Nahwelt）作为起点来谈“我群世界”的。邻近的周遭世界直接呈现给感官经验，而且与身体经验息息相关。生活在这个世界当中，我们的身体一直都在参与运作，邻近的事物则要不是当下被我直接经验，要不就是透过我的身体移动可能被我所经验，总之，感官事物与身体都被当作是持续存在着。当然除了物体之外还有其他人的存在，包括亲近的人如父母亲兄弟姊妹以及相对而言比较疏远的同学、同胞等等。假定我们从现在所坐着的房间出发，走出去之后会看到一些房子、花园，之后是一些空旷之处，再接下来则是陌生的地方。这意味着每一个邻近的周遭世界都像一个圆圈，圆圈之外则有大小不等的圆圈环绕着它。现在的重点在于，每一个邻近的周遭世界也都构造一个正常情况（Normalität），它形成已被经验或可经验，已知或可知的正常情况之视域意义（Horizontsinn）。视域的改变也就是邻近的周遭世界本身的改变。这个视域有其界线，它被空洞的视域所包围，亦即不可知的外围世界。在此胡塞尔区分两种情况：

首先，他提到视域外的不可知可以透过我们所熟知的视域风格（Horizontstil）加以类比，这一部分所指称的主要是与我有着相同文化与时代背景的人所共同经验到的世界，胡塞尔说：

> 由于人不是永远都在移动之中，他只能生活在一个为他所熟知的世界里（尽管这个领域被不熟知的领域所包围），而且我们所说的视域扩充其实就预设了

已经熟知之世界的存在，因此他的周遭世界永远是一个有限的生活世界，他与他的同胞在一个生活圈里共同生活，这个生活圈涉及了一个熟悉的周遭世界，而当此世界的视域向外扩展时，往往不是向着全然陌生的不可知外围世界而去。（*Hua XV*, 430-431）

第二种类型则是指称与我没有共同文化背景的情形。胡塞尔说："现在所谈的异常性之基本特质，是邻近周遭世界的整体形态被这个空洞的外在视域给摧毁了。我们所遭遇到的是，另一种类型的人，另一种类型的世界，他们完全属于另外一种风格。"（*Hua XV*, 431）他强调，从我与自己的身体经验出发可以轻易地了解他人与他人身体的关系，然而面对纵使与人的原始需求有关的某些文化用品，我却可能一脸茫然。例如面对异文化的饮食习惯，就以生鱼片来说，我就可能把它当作有待烹调的原料，而非可供食用之物。反过来，一个来自热带的南岛原住民怎么能够了解雪橇对寒带居民所具有的意义，他们可能更不能想象火炉的作用，毕竟他们的自然环境从来都是四季如夏。

胡塞尔强调对于欧洲的希腊-德意志人而言那个"种族-原初的周遭世界"（völkisch-primordiale Umwelt）首先乃是"神话般的周遭世界"（mythische Umwelt），因为它充满了万物有灵（Animismus）的想法。由此出发我们借由"民族"的同感（"nationale" Einfühlung）可遭遇到他群的周遭世界（fremde

Umwelt）。他强调，他的任务就是去说明这一切，并且接着说明，同一世界，也就是作为“高阶的我们”（Wir höher Stufe）的相应物是如何可能构成的。（*Hua XV*, 436）

由以上的说明可知，“我群世界”意味“我的同胞”的正常生活世界。相对而言所谓的“他群世界”无非就是与我没有共同文化传统的一群人所形成的世界。（*Hua XV*, 431f）“我群世界”与“他群世界”之间有着不同的“正常生活世界”，也就是有着文化上的差异。那么，胡塞尔是怎么看文化差异的现象或是问题呢？简单说来，他认为这种差异是可以被超越克服的，对此他提出了“一个世界”（die eine Welt）这个概念，就是相应于“高阶的我们”之同一世界。根据当代德国现象学学者黑尔德的解释，胡塞尔对“一个世界”的构成之说明与他在《笛卡尔式的沉思》（*Cartesianische Meditationen*, *Hua I*）中处理“交互主体性”（Intersubjektivität）的构成是相类似的。

对胡塞尔来说，“交互主体性”的问题与“经验他人”（Fremderfahrung）的问题是息息相关的。胡塞尔为了说明“经验他人”，主张必须进行第二次的“还原”，亦即除了将自然态度中的种种信念、意见悬搁起来（此为第一次“还原”）之外，我们还必须将任何与经验他人有关的经验也全部悬搁，以便还原到纯粹属于我自己的领域。它是我的原初领域（primordiale Sphäre），也就是我的单子（Monade）。胡塞尔说，在单子之中不仅呈现出意向对象的超越性，而且还呈现出客观世界的超越性。现在他问，后面这个超越性究竟是如何被我所经验的呢？他的答案是，透过“经验他人”和“交互主体性”。

胡塞尔将他人的呈现方式简单地界定为“可证实的原初不可及之可及性”（die bewährbare Zugänglichkeit des original Unzugänglichen）（*CM*, 144）。他人的“原初不可及”表现为他人的心理意识活动及内容从来不能被我直接地体验到；这些心理意识活动及内容永远只能透过媒介间接地被我经验到。在此胡塞尔提出了“间接的意向性”或“意向性的间接性”（Mittelbarkeit der Intentionalität）来说明这个问题，它也就是“共现”（Appräsentation）。依胡塞尔的想法，间接的意向性从来不能单独运作，它必须依附在直接的意向性之上；换言之，“共现”总是必须伴随着“直接呈现”（Präsentation）而出现，两者融合成“知觉中的作用共同体”（Funktionsgemeinschaft einer Wahrnehmung）使得我能够掌握到不在直接经验中呈现的意向对象。就经验他人而言，在我的单子中直接呈现的是他人的身体（Körper），间接呈现的则是他人的心理意识活动及内容。后者虽是原初的不可及，却不是完全的不可及，透过“共现”我间接地可以触及这个领域。在此胡塞尔提及他人的身体与我的身体之间存在着“结对联想”（paarende Assoziation），它促使我从他人的身体间接地经验到他人的心理活动，并且经验到他人所知觉到的自然事物。值得留意的是，胡塞尔强调，在成功的经验他人中，或者说在正常的情况下，他人所知觉到的自然事物与我所知觉到的没有差别。但换成是盲人或听障人的话，情况便显得很不一样。同样地，动物也是属于“不正常的情况”。胡塞尔说：“相对于动物，人总是代表正常的情况”（*CM*, 154）胡塞尔不仅以人为中心建构客观世界的意义，甚且以自我为中心去构成他人，他明白地说：“在我之内可以建构另一个自我（anderes Ich），而且此自我是以他人被我所经验着。”（*CM*, 154）以这种方式被理解的他人和我一起构成了“原初的社群”（ursprüngliche Gemeinschaft），构成了独一无二的结合体（eigenartige Verbundenheit），这个结合体使得世界的存在或社会世界在超越论上成为可能。在这一“原初的社群”中成员彼此间有着彼此互换性（wechselseitig-für-einander-sein），它是一个“互换的社群”（Wechselgemeinschaft），它使得客观世界对大家都有着相同的意义。所谓“原初的社群”就是“超越论的交互主体性”（transzendentale Intersubjektivität），或称作“超越论的我们”（transzendentales Wir），又被胡塞尔命名为“单子社群”（Monadengemeinschaft）。客观世界的客观性乃是建立在这一“超越论的交互主体性”之上，胡塞尔强调，对应于它，客观世界可被视为“内在的超越”，正如同意向对象对应于超越论主体一般。

理论上，“一个世界”与不同的“我群世界”之间的关系则犹如意向对象的“同一极”（Identitätspol）与不同的“侧显”（Abschattung）之间的关系。既然各种“面向”的综合基础在于这个对象的“同一极”，“一个世界”也可说在不同的“我群世界”中表现出来。另外，既然意向对象的“同一极”

是一个只能够透过观念化才能得到的观念，所以“一个世界”同样也是观念。（*Hua XV*, 181f）从历史发展来看，世界作为观念最早出现在古希腊，当时的哲学及科学推动了这样的观念之出现。这个观念深深地影响了近代欧洲的思想并且在近代历史中获得部分的实现。所有的人类可说都分享了这“一个世界”的观念，可说都在同一个具有普遍规范的“我群世界”中。纵使这个“新世界”还处于发展的阶段，胡塞尔认为人类应该将它全然实现。（*Hua XV*, 139; Held, 1991: 323）换句话说，文化与文化之间的差异乃是人类应该超越克服的对象。

现在我们所要提出来的问题是：此“一个世界”的具体内容是什么？胡塞尔说：

> 他者首先是不可理解的他者。固然所有一切仍然是陌生的、不可理解的，但是在此之中却是有着熟悉的核心，少了它，他者也不可能被经验为他者。这也就是说，有一些事物固然就其特定的类型而言是不可理解的，但就它作为某种空间事物（Raumding），或是无生命之物、有机之物、具有心理生命现象的动物，或是天空、大地、山与谷、河流湖泊等等却是可理解的。……总之，作为单纯自然（blosse Natur）它们可以被直接经验到，而不是作为文化客体（Kulturobjekt）。（*Hua XV*, 432-433）

由此可知，胡塞尔所谓的一个世界其实就是他后来在《危机》一书所提出的生活世界，那个必须透过思考活动的过程才被认识到的“世界核心”，也就是所有人都会认可的素朴知觉世界，那个尚未经过文化的解释或重构的世界。总而言之，胡塞尔的生活世界概念指的就是那个共通于所有人类经验的领域。

早在《观念》第二册（*Ideen II*）胡塞尔就已经特别强调，周遭世界就其核心而言，乃是在感官经验呈现为具有“在手状态”（Vorhandenheit）特性的世界，它在单纯直观表象（blosses anschauliches Vorstellen）经验当中被给予以及被掌握。在此基础上自我乃能够进行评价、喜好、厌恶等其他的意向性活动，而随着活动的不同，周遭世界中的对象便呈现出或是有价值，或是有实用性等不同的特性。所有这些其他的意向性活动都奠定在单纯的直观表象之上，唯有如此，我们才能“直接的”（in der Unmittelbarkeit）知觉到价值〔胡塞尔所谓的“价值知觉”（Wert-Wahrnehmung; Wertnehmung）〕。这些价值虽然是直接而原初的（ursprünglich），但胡塞尔强调，它们都不得不奠定在前述的纯粹直观表象上面，所以它们是“被奠基客体”（fundierte Objekte）。（*Ideen II*, 186-188）

正如同前面所说过的，胡塞尔的生活世界理论可以说在找寻“最终基础或最后原因”，用瓦尔登费尔斯的方式来加以表达，胡塞尔被“奠基观念”（die Idee der Grundlegung）所支配。而如同瓦尔登费尔斯所言，整个西方哲学可以说都被这一观念所支配，则胡塞尔生活世界概念的提出也是这一传统影响下的产物。回到文化差异的问题上来看，胡塞尔从“我群世界”与“他群世界”的差异出发，最后走向不具文化差异性的“一个世界”或“生活世界”，使得我们明白一个事实：胡塞尔固然触及文化差异的问题，却也因为轻视它而没能对这个问题进一步地开展探究。

三、舒茨的生活世界理论与文化差异问题

舒茨的生活世界理论重视一般人日常生活的实用活动特质，日常生活世界乃是人们拟定计划构想以及实现这些计划构想的领域。在实用的基础上人们知觉及理解周遭的事物；他们总是处在具体的情境中，总是必须和周遭的人们与事物打交道。这些由具体的人、事、物等所构成的世界被舒茨称为“实质行动世界”（Wirkwelt），它乃是与内在思维活动诸如科学研究、哲学思辨或宗教沉思等有所区别的活动。如同前文已经指出的，舒茨的生活世界理论因此乃是“实用性的生活世界理论”（pragmatische Theorie der Lebenswelt）。（Srubar, 1988: 10）

然而仅仅强调“实用性”仍不足以充分说明生活世界经验的特质，因为所谓的生活世界经验除了带有实用性之外也是十分多样化的，例如人们必须使用器具以达到行动之目的，必须借助于语言、表情和其他人沟通；除此之外他们的周遭还充

满了各式各样的自然现象和人文现象，其中有些是他们所熟悉的，但有些则并非如此。在平常的生活中他们会计划未来并努力加以实现，同时也会担忧这些计划可能实现不了。他们会回忆过去，那些过去的经验有的只曾经出现过一次，但更多的过去经验则因一再地重复而能帮助他们解决后来所遭遇的问题。“类型化”（Typisierung）可说是平常人知觉对象及思考问题的根本方式，亦即除非遭遇到类型上完全陌生的事物或处境，他们总是习惯使用既有的模式来面对眼前的经验；换言之人们拥有一些可以用来应付各式各样日常生活问题的知识。这些知识有些是他个人所独有的（毕竟每个人或多或少是某些领域的专家），不过大多数却是与他人所共同分享的，那些与他共享某些知识的人基本上就是和他一起构成特定团体的人；他们或是一家人，是同乡、同胞、同行或同好等等。人们的日常知识有些来自个人的亲身体验，但更多则是来自他人经验的传授及教导。每个人都生活在一个具有历史传承的文化社会中，文化固然是人为的构造，却像自然现象般地被视为理所当然。最后，人们还经常体验到人生的基本现象，如离别、他人的出生死亡以及自己的成长衰老等等。以上这些丰富而多样的生活世界经验该如何描述和解释呢？它们是否具有共同的特质呢？

为舒茨整理晚年遗著《生活世界结构》（*Strukturen der Lebenswelt*, 以下简称*SL*）的编者卢克曼（Thomas Luckmann）曾经指出，舒茨思想的发展有着一贯性，它表现在对作为社会现实性（soziale Wirklichkeit）的日常生活世界（alltägliche

Lebenswelt）之描述及探讨上。（Schütz&Luckmann, 1979:15）卢克曼强调，舒茨的描述方法来自胡塞尔的现象学，而他的生活世界理论则是胡塞尔生活世界思想的最佳延续及阐扬。但这种说法受到另一位学者的质疑，苏鲁巴尔指出，舒茨于1954年真正认识到胡塞尔提出生活世界理论的根本意图后，对胡塞尔这方面的理论颇感失望。他对胡塞尔将生活世界之普遍结构视为超越论意识的构成结果，亦即生活世界理论必须建立在超越论现象学之上，尤其不能认同，舒茨因此慢慢凸显自己的理论特色，其具体成果则为晚年所发展的哲学人类学（philosophische Anthropologie）。（Srubar, 1988: 265；268）苏鲁巴尔强调，对舒茨而言生活世界构成之基础不在超越论意识，而在人与人的互动关系之上。换言之，"实质行动世界"以及以此为基础的社会世界才是舒茨生活世界理论的真正核心。苏鲁巴尔甚至主张从舒茨对胡塞尔超越论现象学的态度可以区分出舒茨思想的前后期来，亦即舒茨生活世界理论的提出意味着对胡塞尔超越论现象学的强烈质疑。显然，卢克曼主张舒茨思想具有前后一贯性的说法也跟着受到了挑战。

问题是，苏鲁巴尔以舒茨对胡塞尔超越论现象学的态度作为区分思想发展前后期的看法是否恰当不无值得商榷之处，因为苏鲁巴尔自己曾指出，舒茨对超越论现象学的态度在早期代表作《社会世界的意义构成》之中早已表露无遗。（Srubar, 1988: 256）因此我们如何能透过这点来凸显舒茨思想发展的前后期呢？不过这是否意味着舒茨的思想发展基本上具有一贯性，而非如苏鲁巴尔所言有着前后期之分呢？我们究竟该如何处理这个问题？

理查德·格拉特霍夫（Richard Grathoff）指出，舒茨在1952年之后尝试重新厘清他在《社会世界的意义构成》中所处理过的问题。（Grathoff, 1989:50）如果这个说法是可靠的，则我们不禁要问，舒茨究竟提出了哪一些观点或概念使得我们可以看出他确实做过这种努力？

（一）超越与共现

表面上，舒茨在1952年以后的作品主要在描述分析“生活世界”而非“社会世界”，亦即他不再将重点摆在社会行动之意义如何构成的问题，而是关心生活世界之结构如何说明的问题。因此我们未尝不可以问：舒茨是透过何种方式来说明后面这个问题的。舒茨在写给好友古尔维奇的一封信中曾经提到：

> 以共现方式（Appräsentation）连接如此当下此处（Jetzt-Hier-So）与超越者的机制，使得生活世界方才可能。（Schütz & Gurwitch, 1985: 364）

又说：

> （我将）透过共现概念以及超越经验来说明生活世界之结构。（Schütz & Gurwitch, 1985: 364）

这两段话相当耐人寻味。为何共现（Appräsentation）及超越（Transzendenz）这两个概念对于说明生活世界及其结构如此重要呢？

“超越”在《社会世界的意义构成》中并非重要的概念[①]，即使在发表于1945年的《论多重实在》（On Multiple Realities）[②]（收录于《论文集第一册》（*Collected Papers I*））讨论超越日常生活世界的各种“封闭之意义领域”（finite province of meaning; Geschlossener Sinnbereich）如梦境世界、想象世界、宗教世界、艺术世界、科学世界等等多重实在的问题时[③]，舒茨依然未曾援用超越这个概念。值得留意的是，在讨论相同问题的另一篇文章中我们却发现他大量使用了超越概念。这是发表于1952年的《象征、实在与社会》（Symbol, Reality and Society）（同样收

---

① 舒茨在这篇文章中提及胡塞尔的知觉概念时曾用“超越”（transcendent）与“内在”（immanent）等概念，不过舒茨在此主要是依照胡塞尔的脉络使用超越这个概念，并未发展出自己的想法。（见Schütz, 1932: 140f）

② 由于舒茨在1940流亡美国以后，以英文为主要写作语言，所以本文引用的资料凡是属于这个时期的便以英文为主。例外的情况出现在晚期《生活世界结构》的手稿以及他与古尔维奇之间的书信往返，这些资料的原文仍是德文，所以引用时仍以德文为主。

③ 舒茨的多重实在论（“multiple realities” theory）以及相关的封闭意义领域之概念可视为对詹姆斯（William James）之多元次宇宙理论（theory of the many sub-universes）之转化，舒茨强调他之所以宁可采用意义领域而不使用次宇宙，是因为构成实在的，不是对象的本体结构而是我们经验的意义。因而如果我们的经验展现出一种特殊的认知形态，并且——对应于这种形态——除了它们本身相互一致外且彼此契合，则我们就可以称这组经验为一个封闭的意义领域。（*CPI*, 230）

录于《论文集第一册》）。这里所透露出的信息是，超越这个概念发展于1945年和1952年之间。而在舒茨较为早期作品中未曾出现的共现概念也是首度在《象征、实在与社会》之中与超越概念一同被详细说明并大量使用。而且我们还可以注意到，舒茨并不将超越这个概念限定在 “多重实在论”的范围之内，因为舒茨曾用“内在的超越”（immanent transcendence）来指称他者的心理活动及经验。换言之，在1952年的文章中，舒茨用超越这个概念来涵盖各种层面的生活世界经验[①]。

尽管如此，舒茨在该文中并非将超越概念作为探讨的重点，他主要是想厘清对日常生活实在有着根本重要性的“指号”（indication）、“记号”（sign）和“象征”（symbol）等等的意义，超越只不过是附带提出的概念。舒茨的基本论点是，在平常生活中人们往往借由各种不同的记号或者象征〔舒茨分别称为标记（mark）、指号、记号和象征来克服生活世界当中各式各样的超越现象。这些不同的记号或象征被舒茨通称为“共现指称”（appresentative reference）〕，原因是他们都建立在“共现”（appresentation）的意识结构上。为此缘故，我

① 超越概念作为生活世界理论的一部分，意味着它与胡塞尔超越论现象学（Transzendentalphänomenologie）中的超越论（transzendental）没有直接的关系。正如本文所要展开的说明是，超越在舒茨来讲只不过是对这里与现在的超越。他认为，对这里与现在的不同方式之超越，构成了不同层次的生活世界经验。基本上，舒茨在晚期作品中仍然是从事着他在《社会世界的意义构成》一书所标示的自然态度的构成现象学（die konstitutive Phänomenologie der natürlichen Einstellung）。换言之他对胡塞尔的超越论现象学可说是一贯地抱着保持距离的态度。

们有必要先对“共现”的含义做一些说明。

舒茨的共现概念来自胡塞尔，后者在说明“经验他人”（Fremderfahrung）时提到这个概念①。在前一节我们已经指出，胡塞尔基本上认为共现乃是间接的意向性（Mittelbarkeit der Intentionalität），它透过与直接经验相关联的方式附带呈现出来。在此，共现乃是与直接呈现（Präsenz）相对的概念，两者构成“结对”（Paarung）的关系。（*Hua I*, 139f）这一点在舒茨的共现概念中有一些转化。他将共现本身就当作“结对”关系，即“共现者”（das Appräsentierende）与“被共现者”（das Appräsentierte）两者之间的关系。对舒茨而言，这种结对联想（paarende Assoziation）是意识的心理与超越论两个层面的

① Eugen Fink 在评论舒茨的会议论文“The Problem of Transcendental Intersubjectivity in Husserl”（Rayaumont, April 28, 1957）时提到：“Appresentation was taken up by Husserl in the analysis of perceptual objects. The front of a perceptual thing is itself given: the back is , however, appresented.”并且他强调被知觉事物的背面有可能成为正面被我直接知觉，但被共现的他人之心灵却是不可能如同事物的背面一般被我所直接知觉，所以Fink认为胡塞尔使用“appresentation”谈他人心灵的问题实际上只是比喻的说法（metaphorical）而已，Fink并且认为胡塞尔在这个问题上处理得并不成功。（见Schütz, *Collected Papers III*, 85）笔者认为Fink的说明存在着一些疑点，应予澄清。首先，胡塞尔虽然曾经使用“appresentation”（Appräsentation）谈对于事物之知觉的问题，但是着墨不多。笔者之所以特别强调胡塞尔是在说明经验他人时提到或使用这个概念，理由是胡塞尔在未正式出版，后来收录于Husserliana XV（*Zur Phänomenologie der Intersubjektivität III*）的《笛卡尔式的沉思》（*Cartesianische Meditationen*）第五沉思初稿中未使用Appräsentation谈经验他人的问题。（见*Hua XV*, 3-21）相对的，在正式出版的*Cartesianische Meditationen*（*Hua I*）第五沉思则用到它。这项转变意味着，胡塞尔认为Appräsentation适合用来厘清经验他人的问题。

共同现象，它不只是可用来说明对他人的经验，而且可用来说明生活世界中的各种超越经验，也就是各种不能被直接经验到的对象及领域，例如位于彼时彼处的事物，他人的内心活动，梦境世界，想象世界或科学艺术、宗教世界等等。（Schütz & Gurwitch, 1985: 352）

此外，舒茨也引进“次序”（order）的概念来进一步阐明共现。他认为共现作为意识的基本特质不只是两个“意识单元”（data）之间的关系而已，而且是两个次序或者范围之间的关系。他之所以这么认为，是因为他主张没有任何一个经验是单独发生的，它一定是发生于“视域”（horizon）之中。换言之共现作为一种结对关系它的两端会指称两个也许相同，也许不同的次序或领域。（*CP I*, 297f）例如一面旗子就它的材质而言指称物理世界，我们可以从物理的次序了解它，另一方面就它的象征意义而言则指称文化精神世界，我们可以从象征的次序去了解它。在此，旗子可说是连接了两个不同的次序领域。如果就“有烟必有火”的例子而言，则烟与火都属物理世界之物，我们只能从同一次序去了解它，然而若就句子本身作为隐喻而言，则未尝不可说，这句话由具象的物理世界指向了象征的世界。舒茨强调，共现者不一定非得是知觉经验不可，因为一个想象中的事物也可以作为共现者指称作为被共现者的某个抽象概念，例如独角兽代表纯洁无瑕，而猪八戒这个形象则代表贪图享受安于逸乐的意义。

（二）共现指称与生活世界经验

如前所述，“共现”原本是胡塞尔用来说明“经验他人”（Fremderfahrung）的概念。舒茨将这一概念作部分的转化并扩大其应用范围，亦即他认为这个概念不只可用来说明对他人的经验，而且更可扩大到生活世界中各个不同层面的超越经验。接下来我们将进一步说明这些“共现指称”与超越现象之间的关系。

首先是与时间空间有关的超越经验。在日常生活中，每个人所处的世界，就时空而言，可以区分为“我的当下可及之世界”（the world within my actual reach; die Welt in meiner gegenwärtigen Reichweite）以及“我们的潜在可及之世界”（the world within my potential reach; die Welt in meiner potentiellen Reichweite），舒茨说：

> 当我处在自然态度之中时，这个世界乃是我的行动发生之所在（当然有时也成为我行动的对象），在自然态度中我视自己为世界的中心点，而世界则在时空方面被条理化。我身体所在的位置，即当下的这里，乃是我在空间中自我定位的起点……同样我的当下则是所有时间片段的根源，世界上发生的任何事件因此都被我界定为不是发生在过去，同时，就是未来。（*CP I*, 306-307; *GA I*, 353-354）

“我的当下可及之世界”就是一般意义的“眼前这里”，“我们的潜在可及之世界”就是对“眼前这里”的超越。后者的重要性从我不会永远停留在眼前的这里便看得出来。在日常生活之中，我不断地从这个“这里”移动到那个“这里”，在移动过程中我往往会选择某些具体事物作为标记（mark），以帮助我顺利达到彼处。在眼前此处的标记物，当他指称所欲前往的彼处时，便不再单纯只是眼前的事物，而是成为彼处在此处的代表。高速公路的路标、百货公司大门口的指示牌或登山步道的指号可以引导我朝目标前进；而在森林漫游时，折断的树枝则也可以被我用来标记来时路的方向，帮助我记忆回去的路。位于彼处的目的地与眼前的标记紧紧结合在一块，一个是眼前作为共现者的存在物，另一个则是作为不在眼前的被共现者，这两者的关系一旦确立起来，前者便具有所谓克服后者这个超越现象或事物的特性。舒茨另一方面也曾使用“视域意向性”（Horizontintentionalität）来解释这个现象；现时的经验内容虽不包含彼处之事物，但它们已经在我的意识中呈现，亦即在视域中被意向着，而这一意向对象与眼前直接呈显的事物，或舒茨所谓的现时的经验内容（aktueller Erfahrungsinhalt）两者互为表里，构成所谓的共现关系，这种共现关系在生活世界经验中以各种方式表现出来。用舒茨的表达方式来说，在生活世界中有着各式各样的超越性事物及现象，所以也就有着各式各样克服超越的“工具”。（*SL II*, 333）在我们进入另一个超越性之前，还有一点需要补充说明的就是舒茨强调标记本身不需要预设“交互主体性”（Intersubjektivität），亦即我个人所设定的标记不一定要取得别人的认可，不一定要具备客观的有效性，前述折断的树枝便是一个典型的例子。

第二个共现指称舒茨称为“指号”（indication）。基本上这也是跟时空方面的超越现象有关，不过与前者不同的是，它并不关涉此处、彼处间移动的问题，而是与对事情征候的判断有关。在日常生活之中我们所能够直接经验到的事情十分有限，然而为了现实目的，我们往往有兴趣知道未来或彼处的事会如何（或已经如何）发生。所谓“兴趣”（Interesse）是舒茨“关涉理论”（Theorie der Relevanz）的主要概念。（*CP II*, 235; *Relevanz*, 100f）他主张在日常生活中每个人并非对周遭的每一件事物都给予相同的注意力，亦即有些事物被认为比其他事物来得重要。重要的事也就是我们感兴趣的事，它们会自然而然成为意识焦点，或者成为所谓的主题，其余的事物则“后退”到意识的边缘，不为他们所注意。与这些主题相关的事物就是具有所谓的关涉性。

为何我们会对某些事物特别感兴趣呢？舒茨认为与实用的目的，亦即现实目的有关。现实目的是我们在日常生活中想要实现的目的，它促使我们采取某些特定的行动，这些行动具有舒茨所谓的“目的动机”（Zwecksmotivation），于设定计划时，我们会构想哪些事物是有助于完成计划的，而有哪些是不相干的。相干的事物便是具有所谓的“动机关涉性”（Motivationsrelevanz）。例如我们会构筑计划，对未来的时间加以安排，于是乎便会关心未来的事会如何发生。假定我明天预定举行户外活动，则我自然会问：可以如期展开吗？会不会受下雨的影响而延期？现代人可以借助气象预报、卫星云图来下判断，过去则也许观察水汽、月晕等等。明天的天气是未来的事件，并不为当下所直接经验，但是它既然与我所计划的活动息息相关，便会被我所在意着，然而我如何对这个未直接经验到的事情下判断呢？无非是我当下眼前可及的事物——卫星云图、月晕等等。同样地，就空间的事物而言，再以前面举过的例子来说，远处的浓烟往往表示大火正在那里熊熊燃烧，尽管空间的距离使得我无法直接经验到大火本身。舒茨强调，正如标记，指号也不需要预设交互主体性，亦即每个人可以赋予某些事物以特定的指称意义，而不必取得别人的认同，例如每个人读书时所做的笔记或字条往往是随着个人习惯有所不同就可以充分说明这点。舒茨之所以如此特别强调是因为“记号”（sign）与标记及指号有所不同。记号基本上就是一般所谓的语言，而它所克服的对象也不再是属于时空中的对象，而是在社会之中的。

记号是第三种共现指称，它所要克服的乃是社会世界中的超越现象。虽然舒茨将社会中的超越基本上分为三种类型：他人心灵（other mind），他人的活动领域（the world of the other）以及“我们关系”（we-relationship）本身，但是从他的论述可知，与记号有关的超越现象主要是指他人的心理意识活动而言。

首先就他人的心理世界来说。舒茨基本上赞同胡塞尔的观点，在对他人的经验之中他人的身体是唯一对我有明证性的部分；他人的意识活动超越了我任何可能的经验，对它我只能间接地经验到（*CPI*, 314），并且这种经验只能够透过一些外在世界的具体媒介才能够进行。这些媒介也许是物体，也许是肢体动作，也许是特定事件，无论是什么，它们都被视为他人心理意识活动的符号。若缺少它们，人与人之间的相互了解与沟通便无法顺利进行。

在日常生活中，他人的表情、姿态、语言等等往往被我诠释为他人心理活动的表征而不加以质疑，他我彼此之间还可以形成“沟通的周遭世界”（kommunikative Umwelt）而互相影响对方（*SA*, 367f），例如他人提一个问题促使我去回答，而我的回答又可能激发他更进一步的思索进而引起相互的讨论。舒茨追问：何以会如此呢？它的可能性条件是什么？答案在于人们于平常生活之中有着“看法互换性的一般设定”（the general thesis of the reciprocity of perspectives）。（*CPI,* 315f）它是由两种“观念化”（idealizations）所构成：“立场可交换的观念化”（the idealization of the interchangeability of standpoints）及“关涉系统具一致性的观念化”（the idealization of the congruency of the systems of relevance）。前一种“观念化”与人在时间及空间中感官知觉的角度有关，因为我永远只能从“这里”（here）知觉事物，而同一个时候他人是不可能从“这里”知觉事物的，所以观点上的差异乃是不可避免的；不过在日常生活中我们往往不去在意这种差异，而站在“所在位置可交换之观念化”的基础上认定他人与我对世界有着相同的经验。后一种“观念化”与人们如何理解对象有关，我之所以会对某个外在对象与他人有着不同的理解往往决定于我们有着不同的兴趣，用舒茨的用语来讲，彼此的“关涉系统”（system of relevance）并不相同。但是在他我沟通之际，“关涉系统”所造成的差异往往不被注意，人们站在“关涉系统具一致性之观念化”的基础上认定大家皆处在“相同”的世界里。

在“观点互换性的一般设定”之基础上，我和他人可以进行沟通，相互了解，在这个背景下，舒茨认为他人的心理活动之超越性可以借由“记号”被我克服。当然严格说来，“完全成功的沟通”（vollkommene erfolgreiche Kommunikation）是不存在的，因为无论如何他人的意识活动永远超乎我的直接经验，永远有着不可捉摸的超越成分在。舒茨认为，愈是个体化的他人愈是存在着这种超越色彩，而愈是制式化的他人或是制式化处境底下的他人则愈是容易了解。而语言在此正是扮演了一个重要的角色，因为语言对舒茨而言乃是“人类意念表达的客观化及制式化产物”（Srubar, 1988: 244），它往往含藏了一个社会的长时间文化经验之累积，包含了种种类型化，抽象化及形式化的模式。（*CP I*, 326）“客观化”意味着它不是某个个人的意识建构产物，而是社会的集体建构，它因此具有高度的匿名性（anonymity）。在这个含义下，风俗习惯、典章制度等等文化现象都包含在内；它们是一个社会维持正常运作不可或缺的条件。

第二种社会世界的超越基本上与他人和我的空间位置差异

有关，我和他人绝不可能在同一个时刻处在同一个空间点上，换言之，他人的领域必然超越我的领域，然而正如在自然态度中，我往往有着“所在立场可交换之观念化”的预设，使得我认为我和他人彼此之间并不存在差异，而且当他我两人处在面对面的沟通情境时，他人的“我的当下可及之世界”与我的“我的当下可及之世界”是相互重叠的，换言之此时他的活动领域并没有完全超越我。前述的“所在立场可交换之观念化”在此显然扮演了克服“他人领域”之超越性的角色。（*CP I*, 317）

第三个社会世界中的超越——“我们关系”——根源于日常世界人我互动关系；不过对它的体认却仰赖一种超越日常世界的态度，而且它本身只能够借由象征（symbol）被掌握。（*CP I*, 318）于此我们已经进入第四个共现指称的领域。

舒茨基本上将象征视为联系日常世界与非日常世界的桥梁。因此它和前三种共现指称有着根本上的不同，既然在前三种共现指称中无论是共现者或被共现者都是属于日常生活领域，而象征的被共现项并不属于日常世界，只有它的共现项属于日常世界。舒茨以丢勒（Dürer）的名画《骑士、魔鬼与死亡》为例作说明。（*CP I*, 325）就画的物质成分来讲，无论是画布、颜色、线条、构图等等来讲都是日常世界的一部分，它们是感官可直接经验到的部分。纵使就图中所表现的形象如马、骑士等等也依旧未脱离日常世界的知觉对象。然而欣赏这幅画的人如果停留在这个层次，则就舒茨看来等于是没有看出作者想要表达的意义。他认为，我们必须把这幅画本身当作是象征——象征人类总是处于两种超自然的力量之间，才算是真正了解了这幅画。艺术品之为艺术品乃是因为它传达了一个观念或意向，而这些观念或意向并不属于日常生活，亦即它不是和任何特定的现实目的结合，而是出于超越日常生活的态度。艺术如此，宗教亦然，就是科学活动及其建构亦是如此。它们都是透过象征与现实的日常生活世界联系起来，同时日常生活世界也因为这些象征而显得多彩多姿。舒茨的生活世界概念就其广义面而言乃是包括了这些不属于日常生活的“封闭之意义领域”如科学宗教艺术等等，因为它们毕竟都是属于人类经验的一部分；不过这些非日常经验领域并不是与日常世界完全脱离的，它们在日常世界中往往以具象化的方式被呈现出来，而日常世界也借着具象化的象征，以它们为桥梁和这些超越的领域建立关系。

以上这些不同的“共现指称”都建立在意识中的“共现”特性上。对舒茨而言，共现者基本上指称在“这里与现在”[1]（here and now）中明白可直接经验的事物，被共现者则

---

① 所谓的这里与现在，或者发生在这里与现在的经验及其对象，舒茨并没有做更进一步的说明。实际上这是相当值得进一步探讨的。舒茨在一篇探讨完形心理学家Kurt Goldstein理论的文章“Language, Language Disturbances, and the Texture of Consciousness”之中提到某些精神病患者生活在这里与现在的狭小世界中，因为他的现在与过去和未来的联系都减弱了。病人只有当下经验（actual experience）及与当下紧密相连的回顾与预期（retentions and protentions），而没有回忆与预想（reproductions and anticipations）。（*CP I*, 284 f）由此可以反证一般人的日常经验并非只限于这里与现在。当下的这里可以说只不过是生活世界经验的必要条件，它并不能充分地说明生活世界经验。

是虽然非眼前直接可经验，却与它密切相关。它们也许位在空间的彼处，在时间的过去与未来，也许是他人的心理经验，也许是广阔无边的自然宇宙、人文世界；更可能是复杂难测的艺术、宗教、科学等超越日常世界的各种意义领域。

如果共现项基本上指称这里与现在的经验，则被共现项所指称的便是超越现在与这里的经验领域。如前所述，在《象征、实在与社会》一文中舒茨将“次序”（order）的概念带进来，主张“超越”本身并不是限于对某一特定领域的超越，这一点表现在社会领域和多重实在论的问题上特别显著。以人我之间的相关位置为例，当我视他人的心理经验为超越时，乃是以我的次序为主，假若以他的次序为主，则我的心理内容便成为他的超越。同理，当一个科学家处在科学的世界时，亦即以科学为主要次序时，日常生活世界便成为超越的领域。反之，对于一般人而言，科学家所处的世界则是十足的超越领域。任何两个“封闭的意义领域”之间的差距是不容易克服的，舒茨说这需要“跳跃”（leap）的动作才办得到，而且“错愕”（shock）往往伴随着这种跳跃。（*CP I*, 232）

如前所述，“超越”这个概念是舒茨阐述各种“共现指称”时所附带提出来的概念，虽然他在《象征、实在与社会》一文中并不是以超越为主题，于文章的结尾之处他却耐人寻味地指出：“对超越的分析……乃是哲学人类学的重要课题之一”。（*CP I*, 411）苏鲁巴尔认为，舒茨晚年以发展哲学人类学为最终志业，由此看来，超越概念的重要性不言而喻。这点在《生活世界之结构》的遗稿中表现得又特别明显。在这些遗稿中我们读到了他原来在《象征、实在与社会》一文中没有厘清的观点。

四、共现概念与文化差异现象

上一节我们说明了共现概念在舒茨的晚期思想，也就是生活世界理论当中如何扮演了重要的关键角色。我们同时也指出，就在他的生活世界理论里面，已经蕴含了文化差异的问题。只不过，一方面舒茨对文化差异问题本身不够重视，另一方面，他对共现概念在解释文化差异现象所具有的解释效力完全未加以注意，以致在他的思想中，对于文化差异这项课题的处理仅仅点到为止而已，未曾进一步加以开展。接下来的部分本文将致力于尝试对文化差异现象做解释的工作，其基础正是在于由胡塞尔所提出，而由舒茨进一步扩展的共现概念。在这一节我们将探讨如下的问题：共现在文化差异的问题脉络中可以扮演哪一种角色，这个现象学概念究竟如何可以应用在文化差异的问题上？

（一）以共同性为基础的差异性

如果两样东西是完全相同的，例如“2”和“2”，则两者之间毫无差异可言。另一方面，如果两样东西一点关系也没有，例如说“两公斤”和“蓝色的天空”，则强调它们之间的不同也是毫无意义的。因此我们可以说，不同之所以不同必须是两个或更多特殊的事物在共同的背景下去进行比较才能够显出意义来，就文化现象而言，文化差异更是需要共同基础作为衬托才得以表现出来，而“共现”概念正好是可以被适当地派上用场。如前所述，共现与直接呈现一起形成所谓的“功能共同体”，直接呈现（就舒茨而言则是“共现者”）是所有人类，不管文化背景为何，所共有的经验，然而共现（对舒茨是“被共现者”）则是只有在某种文化中可以显现。例如“红”这个颜色可以被普遍地知觉到，但红色在不同的文化中并没有相同的意义或价值。中国人认为红色代表喜事或快乐，但在其他文化传统里红色则可能因为跟流血有关而被当作是可怕或恐怖的。正如古尔维奇所说的，任何知觉都有他的文化意义（Gurwitsch, 1974: 20；143），而且不同文化所具有的文化意义和价值观念是不尽相同的。红色对中国人而言主要与积极的价值配对，但对美国人而言则不见得如此。宗教符号例如十字架会使一个基督教徒充满神圣的情怀，却无法使佛教徒激起相同的感受。但这表示中国人和美国人所知觉到的是不同颜色，基督教徒和佛教徒知觉到的是不同的形状吗？如果我们认为他们在基本的知觉层次有所不同，岂不是相当荒谬吗？

从上述的例子可知，尽管各种文化对于知觉的内容有不同的解释，人类知觉的底层毕竟存在某些共同性。用现象学的术语来说，共现指称（舒茨：被共现者）各不相同，但是直接呈现（舒茨：共现者）则是相同的。让我们用舒茨曾经举过的例子——对波斯文的认知——来加以说明，他说：

> （例如，可兰经中波斯人所写的文字）对我们这些不懂波斯文的人而言，只能以统觉的方式知觉到它是一种文字样式或装饰，我们或许可以知道它是一种我们不认识的语言，或许可以知道这是属于阿拉伯的文字，但并没有产生共现或指称系统的结对。[1]

舒茨认为，每一个人或多或少是某个领域的专家，因为他和跟他有相似背景的人拥有某种其他绝大多数人所无法共享的知识，而人们出于对这些知识的依赖也不免对它有感情。这是因为他独特的个人背景所造成，例如假若他被教育成医生，他会习惯以医学上的观点来看人的身体。他拥有没有医学知识的人所缺乏的看待身体方式，也就是他有他的专业圈子，在这个大家都有相同知识背景的圈子里他会感到自在，意思是他跟这些人在专业知识领域比较容易沟通。放在文化的层次来看也有类似的情况。每一个文化都有自己的传统，总会特别重视与此传统息息相关的某些历史事件，为了纪念这些重要的事件，人们会选定日子（例如国庆节、领袖的生日、统一日、和平纪念日等等）从事庆祝活动，我们可以这么说，这一些事件和纪念日是属于由该文化的成员所共享的，而让其他不同群体的人感到陌生。被同一文化成员所共享的许多事物、观念和价值体

① Correspondence, p.236.

系不正是因为对这些人来说，显得太过理所当然（所谓“太自然”了）而不被看成是文化吗？诚如梅洛-庞蒂（Maurice Merleau-Ponty, 1908—1961）所言，自然不都经过文化的解释，而文化不都是自然吗？[①]我们只要想到每一条河流、每一座山都有它特殊的名字就能够明了为什么文化与自然往往是相互渗透着。这一切看起来是如此自然，以致人们忘记了它们仍旧是一种文化现象。而文化与文化之间存在着差异的这个事实往往也跟着被忽略。没有任何文化可以宣称它的价值观念系统和共现系统是普世皆然的。胡塞尔也察觉到各种文化世界的相对价值，他称之为“具体的生活世界”（konkrete Lebenswelt）。但正如本文第一节所说过的，他提醒我们一个事实，也就是不论文化之间的差异如何显著，所有人类仍然是生活在相同的生活世界里，因为他们有相同的知觉现象，这使得世界仍然是一个共同的世界。这种对生活世界的理解可以称为前文化世界（precultural world）（Carr, 1974: 195）。

有一些现象学者并不认同胡塞尔这般的生活世界概念，例如古尔维奇认为生活世界是文化的世界，正如同它是实用的世界一般。他说：

① Merleau-Ponty, M.（1962）. *Phenomenology of Perception*. pp. 347f. 在“The Visible and the Invisible”中梅洛-庞蒂更加清楚地说明他的观点，他指出：此外，这两处（自然和文化）的差异是抽象的，万物在我们的文化中〔我们的生活世界是主观的）（我们的知觉是历史-文化性的），而且也在我们的自然中（即使文化也得依靠原始存在（wild Being）的多重形态（polymorphism）〕。（*The Visible and the Invisible*: 252）

> 在生活世界中，我们并没有遭遇到——至少不是马上——只有物质对象单纯知觉的东西，我们遭遇到的是文化对象、价值对象。例如艺术作品、提供特殊用途的建筑，像住所、工作的场所、学校、图书馆、教堂等等诸如此类。（Gurwitsch, 1974: 143）
>
> 再者，透过减约过程（substractive procedure）的方式，我们是可以获得物质对象所构成的生活世界。与之相反的则是一个以特殊的方式被诠释、统觉和体会的世界。这个世界是文化世界，明确地说，处在历史上的此刻的我们所拥有的世界是一种社会历史团体的文化世界。（Gurwitsch, 1974: 20）

稍后我们将解释古尔维奇所谓“减约过程”的具体含义。在此先指出，我个人并不反对古尔维奇主张我们在日常生活世界中所遭遇的都是文化对象。可惜的是他并未意识到文化差异的问题，舒茨则不同，两人的差别在1950年代他以通信的方式和古尔维奇所做的一些讨论中就明显呈现出来（Cf. Yu, 1999）。我个人确信，只要我们的生活世界是文化世界，文化差异的问题就不可能被忽略。但问题是，我们要如何去说明文化差异的现象呢？值得一提的是，胡塞尔与舒茨两人的生活世界概念和共现概念似乎就正好提供给我们良好的基础去思考这个问题。我们已经了解，文化之间若是没有普遍的共同性，文化差异的经验是显现不出来的。之前的例子表明，只有当我们说中国人和美国人对红色有相同的知觉，我们才能够比较各个文化对于这个颜色的评价是如何有所不同。根据上述，这个不同之处是可以用共现概念加以阐明的，因为共现总是跟某种可直接知觉的东西紧密关联。但关于单纯知觉的问题，仍旧存在着一些有待厘清的问题。

（二）单纯知觉的争论

有些人对胡塞尔强调单纯知觉的观点提出批评，亦即，知觉世界是抽象的产物因此是人为的。古尔维奇解释如下：

> ……文化对象可借由抽象减约成为只是物质事物（pure dingliche Realitäten），根据这点，原本是文化世界的生活世界变成只是物质世界（Dingwelt）。根据胡塞尔的说法，物质世界虽然是从文化世界所抽象形成的，但相对于文化世界它的重要性却是优先的。这意味着文化世界预设了物质世界。也就是说文化世界预设了物质世界作为基础……换句话说，现象学对文化对象的解释在于它以物质世界为基础，这和上述的抽象方式十分相似——只不过是换个不同的方向。（1974: 21-22）

这里的“抽象”与前页引文所提及的“减约过程”都是在说明文化世界与物质世界之间的关系，也就是透过这个抽象减约过程我们不再将一个文化物体视为文化物体，而是仅仅就它的物质层面来理解它。问题是古尔维奇自己对于所谓的“抽象”未做清楚的解释，仿佛它是清楚自明的一般。由于他在相关论述当中提及海德格尔对“在手状态”（Vorhandenheit）和“上手状态”（Zuhandenheit）的区分（1974: 19），所以让我们姑且从这个角度来了解他。在《存在与时间》（*Sein und Zeit*, 1927）中海德格尔使用“凸显性”（Auffälligkeit）、“急迫性”（Aufdringlichkeit）和“阻碍性”（Aufsässigkeit）三个概念去解释事物如何成为单纯知觉的对象，也就是当它与我们的关切疏离时便会显现为仅是被观看的对象。（*Sein und Zeit*, 74f. *Being and Time*, 102f）海德格尔也以同样的方式批评笛卡尔以“广延之物”（res extensa）为本的物理世界来代替周围亲近的生活世界。这种对待环绕着我们的世界的观点可以说是对存在的遗忘。虽然海德格尔没有公开地表明对胡塞尔的批评，但从他的立场出发，显然他是不会认同胡塞尔的主张，亦即在生活世界的经验中，对“在手世界”（die vorhandende Welt）的知觉具有优先性。（*Ideen II*, 186）

现在值得讨论的问题是：海德格尔的批评真的适合用在胡塞尔之上吗？我不赞成以这种方式理解胡塞尔，因为“单纯的知觉”对胡塞尔而言不是抽象的产物，特别是在客观的自然科学中所进行的抽象活动。我们不要忘记胡塞尔在超越论现象学中反对客观的科学而主张回到生活世界，也就是那个具有普遍相互主观性基础之有效性的世界。即使我们认同海德格尔对“在手状态”与“上手状态”的区分，我们还是不认为可以根据这个区分来批评胡塞尔。偏偏古尔维奇在这个问题上正是借海德格尔来批评胡塞尔，而这项批评是不恰当的。

我个人的主张是，在手世界的知觉对于生活世界的经验是不可或缺的。根据胡塞尔的说法，我们必须意向性的知觉一物，才能赋予它以特定的意义，不论这个被赋予的意义是什么。这种知觉观点对海德格尔和古尔维奇来说是大有疑问的。因为在熟悉的周遭环境里我们知觉文化对象时能毫无疑问地直接掌握它的意义。这个情况用当代美国学者恩布里（Embree）的话来说明最为清楚不过，他说：

> 这个我们所遭遇而熟悉的世界最初是充满了文化对象的，它被赋予价值、用途以及信念等等的特性以协助提供证据证明信念、价值和意欲。（Embree, 2002: 90）

但在遭遇一些不熟悉事物的情况下，人们不再能轻易地获知它的文化意义，虽然他仍能以人类共通的知觉能力去知觉这个对象。根据胡塞尔，以“直接呈现”和“共现”（舒茨的“共现者”和“被共现者”）的说法，我们可以说每个社会历史文化团体都自有其指称的共现系统，而不为其他不同的团队所共享。但不论是自己的团体（舒茨又称为“内团体”）或是其他团体（舒茨所谓的“外团体”）总是共同享有知觉系统，或以舒茨的专门术语来讲，统觉系统。[1]

明显的事实在于我们今天的文化经验不再被单一文化所限制。我们往往太容易去接触到不能直接了解的东西，在这样的情况下难道我们可以说那不算是文化吗？如果我们承认它们是文化，但却不能解释它们所具有的功能与价值，就像被考古学家挖掘出来的北美古老的原住民印第安部落，名为“atlatl”的器具（Embree, 1997），就在这样的例子中，我们毫无疑问地遭遇到了文化差异的现象。[2]面对这类例子我认为采用胡塞尔与舒茨的知觉和共现概念来处理会比采用海德格尔和古尔维奇的方式更为恰当。简单地说，不论从任何文化而来的人类都一同享有共同的知觉层次。用胡塞尔的术语来说，他们都生活在相同的生活世界里，而同时他们在他们的生活世界中使用他们拥有的共现指称系统而生活，后者正是构成了舒茨的生活世界意涵。

---

① 舒茨区分统觉的（apperceptual）、共现的（appresentational）、指称的（referential）、脉络的（contextual）及说明的（interpretational）等等架构去解释各种隐含在共现系统中的秩序。（请参考*CP I*: 297f）

② Lester Embree在他的文章“A Gurwitschen Model for explaining culture, or how to use an Atlatl”中说了一个关于考古学系学生挖掘出某个他所不熟悉物品的故事。他只能描述这个东西是一根比一米短的木棍，它的一端有特定装置，最多只能说是一个从某个洞穴中找到的工具。问过专家他总算明白这是用来猎杀大野牛甚至是大象的一种武器。（Embree, 1997: 142）即使如此，Embree还是认为在同时这个学生（或读者）已经进入了另一个文化世界。（ibid, 143）并提到具体地说，作为一个文化物体，印第安人所看到的月亮肯定和英国人所看到的月亮有所不同。（ibid, 168）他的文章虽然明显地涉及了文化差异的问题，但他所关心的终究还是文化物体如何被遭遇（encountered）而不是文化差异如何被遭遇的问题。

（三）生活世界：普遍的或是因文化而有所差异?

胡塞尔对文化差异的讨论，如前所言，隐含在他对他群世界和我群世界的区分中。但他的生活世界概念重视普遍的共同性而使得他的文化差异问题隐没不显。舒茨对生活世界概念的理解与胡塞尔有所不同，因为他将文化差异问题融入生活世界理论中。基于他对社会科学基础问题的关心，他最先将生活世界视为一个以实质行动和社会性为基本特质的领域，而在晚期的著作中，由于他逐渐察觉到文化的重要性，乃将生活世界重新界定为具有实用意涵的社会文化世界（Yu, 1999）。对舒茨来说，在生活世界的每个经验中都明显展现着文化上的意涵，例如每个社会文化团体都有属于自己的价值系统，这会使得它和其他的社会文化团体区别开来。也因为文化上的差异而使得各个生活世界不同于其他的生活世界。

然而舒茨并没有特别重视文化差异问题本身的重要性，他有些普遍观念的想法也和胡塞尔的观念极为相似。例如，他曾经提出“普遍象征论”（universal symboalism）的概念，他解释如下：

> 我们到处都可发现到性别团体或老年团体和一些在他们之间不同的分工情形，他们或多或少都有亲属组织，将社会世界分成不同的层级。我们也到处发现到统治和被统治阶层、领导者和跟随者、指挥的和服从的……此外，到处也都有文化物品，例如可用来征

服外在世界的工具、小孩的玩具、装饰品、乐器以及当作崇拜的象征物等等。（*CP II*, 229）

很显然，舒茨认为即使有文化差异的现象存在，在所有的人类社会中仍然存在着普遍的文化基础。这个普遍的基础在所有的社会文化世界中是共同的，因为它深植于人类之为人类的境况中。（*CP II*, 229）

换句话说，舒茨对于生活世界和文化差异的想法可以说是矛盾的：一方面他强调文化差异对生活世界的重要性，另一方面，他却也肯定普遍文化的观念。无论如何，他无形中认同胡塞尔的想法——在所有文化中存在着普遍性。就此而言，舒茨可以说虽然看到了文化差异对于生活世界概念的重要性，而他的共现概念对于诠释文化差异现象也是别具意义，然而在重视文化普遍性的情况下，他与文化差异的问题毕竟还是擦肩而过。现象学的文化差异论述，似乎仍有待后来学者去进一步地发挥。接下来，让我们看当代学者，瓦尔登费尔斯所提出的观点。

五、瓦尔登费尔斯论文化间的关系

经由上述的解说，我们明白在文化差异的问题上，胡塞尔固然从“我群世界”与“他群世界”的差异出发，但最后回归不具文化差异性的“一个世界”或“生活世界”，使得我们在胡塞尔的思想里固然看到了文化差异问题的提出，却未能同时看到他对这个问题的进一步开展。然而正是在“我群世界”与“他群世界”等概念的基础上，瓦尔登费尔斯看到了阐述文化差异问题的可能性。

在有关生活世界与文化差异的问题上，瓦尔登费尔斯的理解是，生活世界乃不同文化世界之间的互通网络，它在“属于我们熟悉的世界”和“属于他们陌生的世界”两者之间架起沟通的桥梁，形成了真正的“文化间性”（Interkulturalität）。据此他反对胡塞尔一方面指出“我群世界”和“他群世界”之间存在着差异，但另一方面却又借由“一个世界”来泯除两者间差异的论述。总之，差异的现象没能得到该有的肯定，而为了申论差异性，瓦尔登费尔斯特别重视“他者”（Fremdheit）的概念。

（一）他者的含义

思考他者的问题不能不涉及自我。一般人认为，凡是在自我（Eigenheit）领域之外的就是他者。广义言之，自我具有“隶属性”（Zugehörigkeit）、“亲近性”（Vertrautheit）和“拥有性”（Verfügbarkeit）等特质，具体地说，它则可以指称我的身体、我的衣服、我的床、公寓、朋友、小孩、世代、家乡、职业等等。问题是自我与他者之间的对比该如何去思考呢？如同核心与表皮一般吗？还是像前面与后面的关系？瓦尔登费尔斯借由解读胡塞尔“经验他人”（Fremderfahrung）的论述作为出发点来思考这个问题。

瓦尔登费尔斯认为，胡塞尔对“经验他人”此问题之思考，其重点不在于“什么是他人？”（Was ist das Fremde？）[①]或者“我如何认识他人？”（Wie erkenne ich das Fremde?）因为胡塞尔并不预设不论我有没有遇见他都会存在的他者。胡塞尔所坚持的乃是“他人必须透过他被接近的方式加以确定”（die Fremdheit ist durch die Art ihrer Zugänglichkeit bestimmt）。这种方式是一种特别的经验形式：“可证实的原初不可及之可及性”（die bewährbare Zugänglichkeit des original Unzugänglichen）（Hua I, 144; Waldenfels, 1989: 48），简单地说，就是“不在场的在场”（abwesende Anwesenheit）。瓦尔登费尔斯特别指出，胡塞尔有关“经验他人”的论述是建立在几项预设上的，分别是“交互主体的交换影响”（intersubjektive Wechselwirkung）、“相互理解”（Verständigung）和“预先被给予的共同基础”（das vorgegebene Boden der Gemeinsamkeit），最重要的是它预设了自我与他者的对照（der Kontrast zwischen Eigenem und Fremdem），也就是认定我之为我和他人之为他人的区别是自明的。

顺着胡塞尔“可证实的原初不可及之可及性”的说法，

① “Fremdes”究竟该翻译为他人或是他者，随着脉络的不同我做了不同的选择，在胡塞尔部分由于这个概念主要用在自我与他人之关系的问题上，所以我将之翻译为他人，而在瓦尔登费尔斯部分由于他谈“Fremdes”时不以人的问题为范围，所以我采取他者之译法。

瓦尔登费尔斯指出他者正是以“切身的不在场”（leibhafte Abwesenheit）之方式自我展现，所以对于他者的界定不可能只有负面的方式，因为它并非“我们尚未认识而等着我们去认识的什么”，而是我们必须把它当作与当下经验紧密关联的“逸去”（Entzug），就如同过去一般，虽然它已经不在当下，但却留下它的后续作用。瓦尔登费尔斯说：

> 经验他人不意味着，有个不可接近者与可接近者相对，从胡塞尔对他人的界定可以看出，正当某物不在那儿，在它逸去的当下，它呈现了出来。（Waldenfels, 1997：29）

他者不可能预设了纯然的“自我领域”（Eigenheitsspäre），瓦尔登费尔斯指出，我们不仅仅在他人身上遇到他者，而是在我们自己身上就可以找到它，也就是内在于自己的他者和内在于自己文化中的他者。内在于自己的他者（intrasubjektive Fremdheit）和交互主体的他者（intersubjektive Fremdheit）息息相关；同样地，内在于自己文化内的他者（intrakulturelle Fremdheit）和文化之间的他者（interkulturelle Fremdheit）也是息息相关的。

内在于我自己的他者不是躲在幽暗的角落等待我去加以发觉，因为我们自己身上的他者是相当常见的，由下列这些经验，譬如我的出生、我的命名等等就可以得知，它们处在遥远的过去，一个从来不再能成为现在的过去，但却是如实地显现在我身上。又如当我们看自己的照片时，我们是固然认出了自己，但又没能完全认出自己，因为照片里的图像宛如他者，看者与被看者并不能完全合二为一。

所以说他者不是事先存在于什么地方，而是来自“划定界线”，所以它是相对的。当我们划定界线时，一定是站在某一边划界线，换言之，区别他我就好似区分性别与文化间的差异。我们从来不可能同时站在界线的两边。世界上并不存在着在男人与女人间的“第三者”（das Dritte），必定是以男人或女人的身份在做性别区分的工作。同样也不会有哪一个人是站在两个文化间作为“第三者”去评价这两个文化。（Waldenfels, 1997: 19-21）

以第三者的姿态出现的他者往往与匿名的判官（anonyme Instanz）的想法十分有关。中立的第三者往往假借“真理”“法则”“良心”“意向性意义”等等之名或者“有效性”之类的要求出现。只要与我进行沟通的他人宣称他所意向的是普遍的意义，所提出的是普遍的要求，则他便有可能扮演第三者的角色。如此一来，自我与他人就可以借由角度（Perspektiven）的转换而互相取代。

文化论争中常见的立场，不论是“脉络主义者”（Kontextualisten）或“普遍主义者”（Universalisten）对瓦尔登费尔斯而言，都共同预设或接受了“第三者判官”（die Ordnungsinstanz eines Dritten）的想法，对话（Dialog）在此情况下就变成了独白（Monolog），而他者也随着共同性的增加而逐渐褪色。

在人我关系中第三者总是一起产生作用，但此第三者并非原本就已经存在，它而是从特定的话语（Diskurs）中所产生，从某个角落发言的，同样地，“普遍化”也是如此产生的。近代欧洲人的毛病在于原本采取的是“普遍的观点”（Gesichtspunkt des Universalien），后来却是转变为“观点是普遍的”（universaler Gesichtspunkt），也导致“普遍之强制性”（Universalisierungszwang），而使得自我与他人都必须臣服于它。（Waldenfels, 1997: 125）纵使号称具有普遍性的人权及公正说穿了也是某个次序的产物。

但他者毕竟不同于第三者，它只能以召唤（Anspruch）的形式表现出来。瓦尔登费尔斯强调，他者的召唤之重要性犹如传统哲学中的“追求幸福”（亚里士多德）、“追求自我保存”（斯宾诺莎）、“定言令式”（康德）、“自由”（萨特）一般，我们对它别无选择。它反而是我们做其他考虑时的基础，对它我们不需要有任何的论据。（Waldenfels, 1997: 121）

引起我们言说和行动的“什么”并不能被放入言说和行动之中，它只能用间接的方式表达出来。异文化或异性的吸引力也是相类似的，人们对此吸引力只能透过让自己融入其中或逃离它的方式来对应它，它可说是“真理之游戏”（Spiel der Wahrheit），不能被放到真与假，善与恶的二元判准内去作论断。抹平自我与他者就像是把现在与过去、生与死也抹平一般。但他者是不容许自己放入任何一个次序中而消解掉的。

综合以上所述，瓦尔登费尔斯一方面将“他者”当作关系词，犹如左右方向一般，既然世界上并不存在着绝对的左边或右边，所以自然也没有纯然的“我”和“他者”。又正如左右一定是相对于特定的参考指号才能确定，他我也是根据特定的“秩序”来做决定。（Waldenfels, 1997: 33, 79）“他者”换言之不是一个特定的人、群体或对象的属性。他不在某个特定的地方，反而，任何他者的产生其实都是相对于特定秩序的，一个秩序的建立自然而然会区分何者为秩序内，又何者被排除在秩序之外，凡是被特定秩序排除在外的就是他者。

另一方面瓦尔登费尔斯则赋予他者以更为根本而原初的含义，指出他者是区分他我秩序的动力来源。他的意思是，当我尚不知何谓我时，已经一直在回应他者了，而在回应当中，我才回过头来意识到自己的“我”。此时他者既然是秩序建立的动力来源，其含义显然不同于作为与“我”相对的“他者”，就此而言，它不仅非如传统所见扮演着相对于“我”的次要角色，更非如胡塞尔所言，只被当作第二义的我，反而是促使我去言说、去行动以及做“他”“我”之区分的动力来源。就此而言它根本不属于任何的秩序。令人遗憾的是，他者往往没有被认识到本身就是动力的来源，所以直接被认定为特定秩序之外的什么而被忽视甚而鄙视，或是被内化为特定秩序中的一分子而隐没不显。换句话说，一般人对他者的认识只基于前一含义，也就是一般与“我”相对的“他者”，而未能认识作为原初意义的“他者”。具有后面这个含义的他者毕竟是不容易被清楚认识到的，因为瓦尔登费尔斯说：“他者不是一个特定的什么，而是被回应者——除此之外什么都不是。”（Das Fremde selbst ist kein Was, es ist worauf einer Antwort – und nichts weiter）（1997: 180）作为原初含义的他者不能被固定化成特定的什么，而只是一种召唤，等待着被回应。如此这般的他者可能以吸引人或威胁人的面貌出现，但无论如何它就是要人去回应它。即使我们决定逃避回应，本身还是一种回应方式。回应的具体方式就是采取特定行动和言说，其中自然也包含着建立秩序去区别他我。在瓦尔登费尔斯看来，他者无所不在，他说：“出于自身的他者贯穿了我们的所有经验”（Waldenfels, 1997: 180）。

（二）我群世界与他群世界之间的相互交融性

如同本文在第一节所做的说明，胡塞尔在有关“我群世界”与“他群世界”的论述之中指出“我群世界”意味着属于“我的同胞”的正常生活世界，也就是属于该团体的人基本上皆享有的共同认知模式、行为模式、价值信念、风俗习惯以及文化传统等等（*Hua XV*, 214），而这些模式既然都来自世代的累积，而非单一世代更非单一个人的创造，所以“他群”与“我群”之间的区别首先就在于彼此没有相同的前人世代。（*Hua XV*, 431f）除此之外，所谓的“正常”乃是传统的产物，也就是经由世代积累而成（*Hua XV*, 219）。由于传统与历史构成了文化的特质，我们因此未尝不能说，“我群世界”与“他群世界”之间的差异就是文化上的差异。但如同之前一再提到的，这种文化上的差异并非不能被超越克服，胡塞尔所提出的“一个世界”（die eine Welt）概念就是“我群世界”与“他群世界”的共同基础。

瓦尔登费尔斯主张“我群”与“他群”的关系可以重新解释为“相互交融”（Verschränkung）。他否认存在着任何单一自主之文化，更反对任何以自我为中心的方式解读其他文化，在他看来胡塞尔处理欧洲文化与其他文化的关系时可说就是具有这种缺失。（Waldenfels, 1997: 150）

相对于胡塞尔，“他者”是瓦尔登费尔斯有关“我群世界”等概念之相关论述的核心所在。如前所言，传统认为“他者”是“非我”“异我”或“不属于我”，它所指称的乃是相对于清楚自明的“我”而言模糊不可知的领域，而这个领域是等着被认知、克服或甚至于征服的对象。（Waldenfels, 1997: 59-60）近代欧洲自笛卡尔以来一方面在哲学上将主体我提升到核心地位；另一方面在民族问题上，则随着民族主义思想的出现将“我族”提升到中心位置；最后在欧洲与其他文化的比较上则出现欧洲中心主义思想，贬抑其他的文化。在此情况下，自我与他人、我群与他群泾渭分明，我是纯然的我，他者是纯然的他者。然而我与他者并不因此处在对称的关系里，此不对称性来自我总是自觉或不自觉地偏好从自己的角度看自己（或我群）和他人（或他群），他者于是在这样的不对称性里被贬

抑为负面的“非我”。（Waldenfels,1997: 150）

近代欧洲的次序之特质：征服与“占为已有”（Aneignung）。“占为己有”作为西方理性精神之特质，是以征服世界和使用科技的方式表现出来。“占为己有”包含两个预设：一是自我与他者之分别，另一是自然与社会之分别。对于前者的回应就是“自我中心”的想法；回应后者的方式则是“理性中心”（Logozentrik）。他者在当我们借由理性去进行理解时被克服了。以笛卡尔为例，他借由征服自然来表现占为已有，瓦尔登费尔斯指出，这种想法预设了人能够“自我掌控”（Selbstbeherrschung）及“自我征服”。但就当代的认知而言，这个近代的秩序是失败的，例如弗洛伊德就已经指出，人根本不是自己的主人。结果发展出另一个方向来：“化为他有”（Enteignung），征服变成屈服，主体则变成奴仆。这乃是对他者之屈服（Auslieferung an das Fremde），就自我中心的角度来看，儿童成为成人的救赎，原始人成为文明人的救赎，精神病人则成为神圣的表征。但只要他者仅仅被当成与自我相对者，则种族中心的迷思依然没有被打破。就理性中心的角度来看，它所强调的是理性的多元分离（die Zerteilung in eine Vielfalt von Logoi），其目的是消解自我与他者之间的界线。但这显然只是对于“占为己有”之心态的过度反应罢了。西方近代的理性危机与主体的危机难以分开的，因为它们总是在“占为已有”和“化为他有”之间来回摆荡。

之前我们曾经指出，在瓦尔登费尔斯看来，他者散布在人们的各式各样的经验当中，“经验他人”（Fremderfahrung）自不例外，也是其中的一种，同样地，在“我群世界”“他群世界”的关系上也是充满了他者特质。瓦尔登费尔斯反对胡塞尔式的“经验他人”论述，亦即从自我出发去理解他人，同样也反对胡塞尔从“我群世界”去理解“他群世界”，他认为，“我”并非完全清楚可知，反而，在“我”之中就已经含有模糊不可知的他者，例如我们之前提过，与我自己切身相关的出生事件未能在我的意识中呈现，只能经由他人告知；我们一出生就被取名这件事我们也未曾亲身参与；再者，我们在无形中接受了一套语言系统却称之为自己的语言。这一内在的他者标志着我和他人之间有着交接地带，所以我和他人能互通声息，产生互动。（Waldenfels, 1997: 156）瓦尔登费尔斯如此重新解读“交互主体性”之含义，也用同样的方式解读“我群世界”与“他群世界”之间的“文化间性”（Interkulturalität）。内在于“我群世界”当中的“他者”使得它与“他群世界”之间存在着“之间的世界”（Zwischenwelten），不同的文化世界彼此间因此有着相互交融（Verschränkung）的关系，是它使得不同族群世界之间的互动得以可能，任何的文化相互理解都不得不预设了它。胡塞尔的“一个世界”作为共同世界，纯然从“我群世界”出发扩大而成，这种以自己为中心的想法忽略了文化彼此间的纠结性，跨过了存在彼此当中“之间的世界”，这种做法就是“化为己有”的典型表现，他指出这就是欧洲人自近代以来一贯的思考模式，在他看来欧洲中心论与殖民主义脱离不了关系，可谓其来有自。相反地，瓦尔登费尔斯主张生活世界从来就是“我群世界”和“他群世界”两者相互交融的领域，而不只是“我群世界”的扩充而已。（Waldenfels, 1997: 41）

胡塞尔对于我群世界与他群世界的关系之看法是，他一方面承认自我与他者之间有着根本区别，所以在自身的存在中有着他者所引发的震撼和惊奇乃是不难想象的。但是另一方面他又借着引进“基础性的底层”（fundamentale Grundschicht）来排除这个区别，因此也排除了应有的震撼和惊奇。他所提出来的“唯一生活世界”作为最初的地基和最终的界域，正是扮演着这个角色。结果是，他者只不过是暂时性的，它是次要的概念。自我与他者之间的沟通必须以存在他者之前的自我性为基础，而这个情况会随着存在于自我与他者之间的共同性而更加强化。胡塞尔对于自我与他者之论述的歧异性表明了他仍然牢牢地受限于西方传统思想的偏见。胡塞尔认为欧洲不只是地理名词，同时而是理性的化身，它表征理性的全貌，人类“理想的生活与存在型态”（*Hua XI*, 320）在此可谓表露无遗。这是同时包含了种族中心论、殖民主义和帝国主义等含义的“欧洲中心主义”，但在瓦尔登费尔斯眼中，真正构成欧洲中心主义特色的乃是哲学上的欧洲中心主义（philosophischer Eurozentrismus），它所制造的奇迹在于，“从自我出发，走过他者进而结束于全体者”（Waldenfels, 1993: 61），借以融入他者的手段则是理性，理性使得所有一切现象让人不再感到陌生。它虽走过他者，与他者有所关联，却不曾认真地对待它。[1]总之，他者的意义在欧洲中心主义的思想里是从来未曾受到重视的。

欧洲人秉持古希腊遗留下来的精神，以世界为家，而且反过来，认为自己的家也就是世界。一个非欧洲人如果想这么做的话也非得以欧洲人为师不可。欧洲文化跨越了文化和种族的藩篱，它就是“共同世界”（Gemeinwelt）的守护神。（*Hua VI*, 320; 336）其他文化都成了欧洲人所建立的整体秩序（Gesamtordnung）或基本秩序（Grundordnung）的某个层级，所以就是再怎么奇特或原始的文化特质也不会让人感到讶异。当然，如果从欧洲人所认定的正确信仰或者正确理性来看，它们都是等着被革除的，这可说是以理性克服他者陌生性的典型表现。（Waldenfels, 1993: 61）

说穿了，“共同世界”无非就是“自我世界”（Eigenwelt）的扩大而已，他虽然扩大了经验的可能范围，却依旧未曾离开过自己的范围。但“之间世界”（Zwischenwelten）就不一样，因

---

① 美国学者Fred Dallmayr 曾以哥伦布抵达新大陆以后的作为说明欧洲人如何不曾认真地对待过他者，他说：“the Spanish authors speak well of the Indians, but with very few exceptions they do not speak to the Indians.”（1996:7）又说：“According to Todorov, the Spanish-Indian confrontation was a failed encounter from the start, because it was predicated on two alternatives strategies: either complete assimilation or complete rejection and subjugation. These two alternatives, he muses, are not confined to the Spanish conquest but are prototype of the behavior of ‘every colonist in his relation to the colonized’ down to our own days.”（1996:6）

为它保留了自我世界与他人世界，它们之间还是有着相互陌生的关系。而且，在这里对“自我”的理解是 “回应他者之召唤者” 。启动次序者，本身不能被融入任何的次序中，在他者的问题上，他者不能被放入有关他者的言说中。我们常有如此错觉，“对整全者所作的言说就成了整全者本身自我的表达。”而“说的事件则又被放入到说的内容里去。”（Waldenfels, 1993: 62）导致的结果为，欧洲自认为是文化中的文化，或是唯一值得被称作文化的文化。

我群世界与他群世界对瓦尔登费尔斯而言究竟处在什么样的关系之中呢？前面谈到，瓦尔登费尔斯反对胡塞尔一方面承认自我与他者之间的根本区别，但另一方面他又借着引进“基础性的底层”来排除这个区别。如此一来，他者只不过是暂时的，被当作只是次要的概念。相对于此，瓦尔登费尔斯认为“文化间性”不该被单一文化给遮掩掉，当然也不能朝相反方向，亦即对“自我”厌恶就任由他者加以取代。

从召唤–回应（Anspruch-Antwort）的角度看问题，还有另一个吊诡：每一个文化的特质都要感谢对于他者的回应，不管是来自文化内部或是来自文化外部的传统。瓦尔登费尔斯说：

> 回应包含了聆听他者的声音，但这并非顺从，因为我们所给予的回应是创造出来的，而非只是重复产生的。（Waldenfels, 1993: 64）

第三部分

自由、处境与人我关系：萨特与舒茨的对比

一、自由与处境

（一）问题之提出：为什么在讨论自由与责任问题的脉络中有必要提出处境的概念？

就行动的层次而言，人与世界的关系究竟为何向来是哲学关心的重要问题之一，传统的决定论与非决定论（determinism and indeterminism）之争论便是表达了人与世界之关系的不同看法；非决定论者认为人的行动可以不受任何原因所决定，主张决定论者则主张世界的客观结构不仅支配自然世界的现象也支配着人的行动。但传统上有关非决定论与决定论的讨论所导致的两难是：无论赞成人的行为是受决定或不受决定皆无法充分说明"人为什么必须为自己的行为负责"这个问题。非决定论者认为人的行为没有任何原因，它只是就这样发生了，没有为什么，所以也无法被解释。既然行为是无缘无故发生的，我们无法知道为何这种行为会发生在行为者的身上，我们也就不能去追究行为者的责任。决定论者认为人的行为如同自然现象一般都是有原因的，是可加以解释的，而且它主要受制于外在的种种现实条件和行为者的性格以及从小自环境所受的影响，所以表面上看起来人有自由的选择，实际上却是受这些内在外在的因素所决定，他没有自由，也不需要为自己的行为负责。

我们是否能跳出这个两难？传统上试图回避这个两难的方式有以下几种：首先，所谓"软的决定论"（soft determinism）接受"决定论"的前提，承认人的行为是有原因的，所以可加以解释，特别是透过人的性格或意念等主观因素来解释，但这却不表示人在某些时刻不能表现出与他的一般习性不同或正好相反的行为，只要这个可能性存在着，我们就不能说人不必为他的行为负责。其次，这个立场所理解的自由并非“非决定论”中所谓的“无缘无故”之意义，而是指“不受外在人为束缚或不受内在精神恍惚影响而依照自己的欲望意念去行为”，这时它只重视人实现欲望的能力是否能够不受到（特别是不合理的）拘束或是干涉而能够充分发挥，而不再进一步追问这些内在的欲望或是意念等等是否还有其他更为深层的原因。当一个人的行为是自由的时候，他自然必须为自己的行为负起责任来。这个立场可说借由重新厘清自由的含义调和了决定论与非决定论表面上的矛盾，也解决了人应不应该为自己的行为负责任的难题，虽然在“人的欲望意念是否还受更深层的原因所影响”这个问题上它有所保留。

如果我们坚持要清楚说明“人的欲望意念是否还受更深层的原因所影响”这个问题，则难免会走上“硬的决定论”（hard determinism）这条路，这个自从神学思想出现以来就普遍受到讨论，而在近代科学发达以后更广受支持的立场认为人的行为实际上就是受各种条件所支配，人根本不能自由决定自己的行为，自然也不必为它负起任何的责任。

如果上述几种立场都不能提供我们令人满意的答案，则所谓的“自由论”（libertarianism）也许可以提供我们新的思考方向，这个立场并不接受“决定论”的前提，它不认为人的行为可以像自然现象一般被客观地观察和解释，人的行为之所以独特就在于它不同于自然现象。但这是否意味着人的行为——如“非决定论”所言——是没有原因的呢？主张“自由论”者认为人的行为还是有原因的，只不过这个原因是在行为者身上，所谓主观上的原因，也就是所谓的理由（reason）。人的行为之所以不同于其他的自然现象还在于它是经由斟酌考虑（deliberation）之后而发生。亦即，人的行为在还没有发生之前它有两个或两个以上的可能选项让他去做选择，而他之所以会怎么做一定有他的理由在。如果我们想要了解一个人的行为，便不能不将行为者主观上所赋予行为的意义纳入考虑。基本上“自由论”否定“决定论”的前提，它也否定“非决定论”的想法，它可说是以另起炉灶的方式回答了“为何人该为他的行为负责”这个问题。（Feinberg, 1978: 326-330）

基本上本文认为传统有关决定论与非决定论的讨论都略过了“处境”（situation）的概念，忽略了行动与处境之间相互密切的关系。当我们去问人是否应该为他的行为负责任的时候，为何不去考察他究竟是处在什么样的处境下呢？是不是因为“处境”本身千变万化，所以不可能被说明呢？当我们说人的行动都离不开处境，都是在面对处境中的难题而试图加以解决时，究竟是何含义呢？对于这个问题，本文将试着在舒茨的思想脉络中加以探讨。基本上他的观点是，人的行动都是在特定的处境中进行，而处境有它的客观现实条件和主观背景因素，所以人的自由是相当受到限制的；但是处境并不等于各种条件的配对组合，处境之所以为处境，一定是经过行动者主观上的诠释才得以成立的，而在诠释的过程中，行动者无论如何总是拥有衡量的空间。而且在拟定各种行动方案以及做出最后决定的过程中他都不曾丧失主动参与的机会，所以他的行动再怎么受到条件上的限制，自由仍然是存在的。行动者无论如何不能不为自己的行为后果承担起应有的责任。

本文的主要目的是对舒茨的“处境”概念作分析，其中除了涉及他自己的“行动”“选择”和“生活世界之结构”等概念及相关论述以外，也涉及萨特（Jean-Paul Sartre, 1905—1980）的观点，这是因为一方面舒茨在论述处境概念时提及存在主义的思想，另一方面更重要的是，本文认为透过与萨特的相互对照，我们可以更加了解舒茨的观点。因此本文下面将先介绍及分析萨特对“处境”与“自由”的看法，接着分析舒茨的“生活世界之结构”“行动”和“选择”等概念，最后试着对舒茨的观点提出反省和批判。

（二）萨特论处境与自由

萨特的自由概念是所谓的“绝对自由”（absolute freedom）或“本体论的自由”（ontological freedom），这是人作为“为己存在”（being-for-itself）所具有的根本特质，人必须勇于面对自由选择并为之负起绝对的责任。他的意思是，人是自由的，而且不得不自由。这里的自由不是指不受外在束缚，也不是作为道德必要预设的意志自由，萨特说人的本质是自由的，只因他责无旁贷地必须选择自己的未来。放弃选择也是一种选择，虽然人们往往不愿意加以承认。就这个意义而言，人的自由乃是绝对的。

萨特的自由概念与他对意识的看法极为相关，在他看来人的意识之基本特性乃是“超越”（transcendence），人总是朝向未来，设定意向对象作为自己努力追求的目标，周遭事物则因我的意向性而获得特定的意义。萨特将人的意识称为“为己”（for-itself），它不同于作为“在己”（in-itself）的其他事物。“在己”之物本身不会有任何的变化，它不会意欲自己的任何改变，但是“为己”之存在者（就是人）就不一样，他会透过构想自己的未来改变现状。人的生命总是处在一个未完成的状态，不断在追求下一个理想，也不断在做选择，虽然他终究是想完成“为己”和“在己”的统一状态，只不过这是一个永远达不到的理想，只要人还活着，他就永远在追求着些什么，永远必须做选择，这是人不可抗拒的命运。如果有人想要放弃或排斥这种状态，萨特认为他就会处于一种自欺（bad faith）的状态。自欺是不道德的，也是对自己不负责任的做法。

“虚无”（nothingness）是人的意识作为“为己”之根本特质，人在向未来投射之中，他不再是他原来的自己，他从理想的状态回头看自己，而否定眼前的自己。否定自己就是将眼前的自己虚无化，但是人们借以否定眼前自己的理想既然还不是已实现状态，所以也是虚无。换言之，人生彻头彻尾都被虚无所贯穿。然而虚无不表示否定生命的意义，反而才能真正肯定人之为人的意义，如果人是固定不变之物，则它只能任人摆布，不能改变现状，是对人的最大否定。虚无或许用“缺如”来解释比较恰当，当人心中有个理想，因而对照出现状的种种缺失时，他就是处于一种缺如的状态。

人由于体认到自由，必须为自己的选择负起全部的责任，感到无比沉重的负担，莫不想逃避之。因此他一方面意识到自己的责任，另一方面却又想逃避之，而时时处于焦虑不安（anguish）的状态。人必须为他的选择负责，这是萨特存在主义的核心思想。至于在萨特的自由理论中，为何会出现“处境”的问题呢？这跟自由的吊诡性有关，萨特指出：“只有在处境中才有自由，而且只有透过自由才有处境”（*BN*, 489）。这里意味着，人的自由虽是绝对的，他不得不自由，但是他的自由却是受到限制的，限制来自人先天上具有“实际性”（facticity），它是人生而在世不可改变的事实，例如，我某时生于某地，由不得我随意改变，人终究一死，这是人所必须接受的事实，这些事实都使人意识到他的自由有其限度，不能为所欲为，爱怎样就怎样。但这些事实并不就等于处境，在萨特的眼中，任何处境的形成都是自由选择的结果，它在特定目的的光照之下自我呈现，相对而言，实际性则是混沌未明的，它尚未形成特定的形貌。换个说法，任何处境都是具体的（concrete），而实际性由于混沌未明而停留在抽象的层次。处境简单地说就是人对周遭事物之为利或为弊之体认，它是在“越过被给予物而朝向一个目的”（*BN*, 548）中展现，所以本身既非主观亦非客观，而是两者之间的关系。萨特说：

> 处境是为己与在己的关系，在此关系中在己被为己所虚无化。处境是全部的主体（他无非就是他的处境）以及全部的事物（除了事物别无他物）。处境是主体在他的越过（surpassing）中照亮了事物，如果你愿意如此说的话，它就是事物在与主体的关联性中表现自己。它就是完全的实际性，世界的绝对不确定性，我的出生，我的地方，我的过去，我的周遭世界，我的邻人，然后是我无所限制的自由使得我的实际性呈为实际性。（*BN*, 549）

总之，任何具体处境的意义都依赖于人所设定的目的和计划。没有一个处境是中立而与人无关的，处境一定是相对于某个人的某个构想才呈现出来，所以处境一定是有益或有害于达到这个目的。至于一个处境是具有帮助性或具有阻碍性，人有着绝对的自主权，这是他的自由。

萨特从五个方面详细地说明处境的含义，分别是我的地方，我的过去，我的周遭事物，我的邻人和我的死亡。萨特指出，在每个人的生命中具有一些如前提及的实际性，但这些实际性就像有待挖掘的矿产，在它们未显露之前，我不能确定它们究竟是什么模样，它们混沌未明，等待着我去确定它们的意义。而此意义是完全依赖于我的意识、我的自由和我的选择。

但自由是不是可以跟这些实际性全然无关呢？萨特强调，如果缺乏实际性作为它可超越的对象，自由亦不是自由，这就是上面所说的自由的吊诡性。萨特说：

> 自由就是对我的实际性之体认。（*BN*，494）

实际性一旦被自由给赋予意义，它就是可明了的，可明了的实际性也就是处境。下面分别以萨特自己所举的例子来加以说明。萨特说，为何有人会将留在蒙德马桑（Mont-de-Marson）当作是不利的处境呢？这明显地跟他对自己的期望有关，如果他一心一意想在家乡发展事业，则他应当会将他的家乡当作是有利的因素；只有当他想离开家乡却又备受阻挠无法如愿时，他才会抱怨他所处的地方对它是不利的。那“单纯的在家乡”不是一件客观的事实吗？萨特说，这种“客观的”描述是显不出“我的地方”之意义的。这里的重点在于，什么叫作“我的地方”？每个人对于他自己所处的地方不会没有一些感受、一些想法，而这些感受和想法究竟是怎么来的呢？无非就是我对自己未来的一些期望和构想，在我的目的之“光照”下，我的地方不会是平淡无味的几何平面或点，它总是透显出某些意义来。同样，我的过去也总是透显出某些意义来，不会只是时间之流的某些段落或点而已。而它们的意义正是来自我对自己未来的选择。萨特以老兵是否接受新政府安排为例，如果他接受政府的安排，那他等于是对自己过去所参与之战役的意义加以否定，如果不接受，那他就是对这段过去予以肯定。一般人也许会认为，一个人会不会做某个决定，受过去的影响很大，因为如何如何，所以会如何如何。但萨特强调，“我的过去”本身不会发号施令，除非我赋予它力量，亦即使它具有某些特定的意义。然而这些意义是如何构成的呢？无非又回到我对自己的未来之构想上。当人们说，我的过去所造成的处境就是如此，我没有别的办法，萨特会说，这是一种逃避责任的说法，过去本身不会塑造当下的处境，是我对未来的选择让“我的过去”塑造了我的处境。萨特用非常简短的句子表达：

> 确切地说，当我出生时，我来到一个地方，但对这一地方我却是负有责任。（*BN*, 495）

我不能决定生于何处，但是我要为我的出生地负起责任来，因为出生地对我所具有的意义决定于我对未来的选择，而这一选择完全操之在我。

就周遭事物而言，萨特举的例子是，如果有一块大石头摆在我眼前，则我所遭遇到的是帮助性的还是阻碍性的处境呢？萨特认为这完全决定于我的计划和目的，如果我的目的是赶路，则这块大石头是阻碍，我所遭遇到的是阻碍性的处境。但如果我的目的不是赶路，而在于看风景，则眼前的这块大石头却是可以被我当作垫脚石，有利于用来欣赏风景。

在我的处境面向中，“他人”和“我的死亡”比较特殊。

首先萨特指出，每个人总是会碰到和使用不是他所建构出来的意义结构，例如他所使用的语言，他所接触的种种器具。人好像是被动地非承受这些由他人所创造出来的意义结构不可，但是萨特提醒我们，语言本身不会发言，他说：

> 为了要让它显现，为了要让不同的字彼此关联起来，为了让它们彼此拴住……于是有必要将它们综合起来，而此综合的力量并不来自它们本身……所以说只有在说话者的自由勾画当中语言的法则才被组织起来，借由说话我塑造了文法。自由乃是语言法则的唯一可能基础。（*BN*, 518）

由此看来，关于他人的问题和“我的地方”等面向似乎没什么大的差别，但重点是“他人之为他人”还在于“他”也是自由的，而这一自由的主体会将我视为客体，结果是我体认到在这个世界上我不是唯一的主体，这个体认可以说是对我的自由的最大限制，因为这一限制的缘故，我最能认清我原来一直都在处境中这个事实，我的自由原本就必须和它的限制打交道。

不过话说回来，他人再如何的限制我，首先还是得经过我的自由的认可，如果我不让他限制我，不把他当一回事，他人对我也是莫可奈何，萨特的例子是，只有当我先把自己当作犹太人，别人才有可能把我当犹太人排斥我，也唯有如此才能感受到“身为犹太人”的处境。总而言之，我自己对他人是一个

什么样的存在（being-for-Others）最后还是取决于我自己所设定的目的。（*BN*, 526）

在“我的死亡”这个问题上，萨特也强调它跟“他人”问题息息相关。首先萨特反对人可以等待死亡这样的说法，他认为除非一个人被判了死刑或是得了癌症之类的绝症我们才可说人是在等待死亡，否则人何时会死变量太多让人无法确定。他用一个俏皮的比喻来说明这个情况，他说死亡对人来讲就像是一个被判死刑的人在就刑前却突然死于流行性感冒，萨特想说明的乃是，死亡可能无缘无故地突然降临，但也可能无缘无故地无限延后。总之，“我的死亡”之降临本身就已经充满了变量，所以不可能被等待，更不可能是我计划或投射的对象。萨特在此一再提到海德格尔的死亡概念，他不认同海德格尔强调死亡对人体认生命有限的意义，除了生命的有限性因为死期的不确定而不能确定之外，他还强调，人的有限性其实不必然必须透过“我的死亡”来说明，因为纵使人不会死他还是有限的（能力有限，知识也有限等等）。萨特将死亡的问题转移到别处，他所关心的是，一个人一旦死亡，他就不再能建构自己的生命意义，失去了主体性，变成他人眼中百分之百的客体。死亡把自己带向了客体的存在，就如同当我还活着的时候，也会被他人视为客体一般，问题是，只要我还活着，我就有机会抗拒别人将我客体化，可是一旦死了，这个抗拒也就跟着消失了，我只具有“客体的意义”，任人摆布。由此可知，“我的死亡”作为处境与他人是离不开关系的。萨特说：

> 何谓死亡？无非就是实际性和为他存在（being-for-Others）的某个面向，亦即，无非是被给予之物（the given）。（*BN*, 547）

人做何种选择，完全操之在己。所以萨特主张人必须为他所处的环境之意义负起全部的责任。这种想法可说非常肯定人的主动性和积极性，但是推到极端却不免产生有些令人不解的结论。例如萨特主张如果我参加了战争，那战争就成为了我的战争，意思是说，我不能说我被迫参战，因为我大可选择逃兵或者自杀来抗拒参战，既然我没有这么做，我就等于是做了选择，而且是自由地做了选择。同样，萨特强调，一个囚犯仍然是有绝对自由的，因为他可下定决心逃狱，他不能因为门禁森严而自哀自怨，说自己没有自由。在萨特眼中并没有所谓“受环境所迫，无奈地去做一些自己并不想做的事”的情况。换言之，人不会受环境所迫，有的只是人选择了环境对他的支配。

萨特对人的自由之高度肯定造就了它的存在主义思想，人并不具有预先被给予的本质，人的处境犹如他的本质都是人自由选择的结果，所以萨特一方面注意到人生而在世有不可逃避的现实，但这一现实本身不能决定我一定会如何行动，它的意义毕竟是经过我的自由选择才确立的。在自由与处境的关系上自由还是有着优先的地位。

（三）舒茨论生活世界之结构

萨特的观点在重视生活世界经验的舒茨看来，并不能贴切地展现平常人的真实面貌。对于世俗生活世界中的存在者而言，“绝对自由”是不切实际的，在生活世界中，他固然有着诠释及界定处境的自由，但他也承认客观的外在世界和内在的主观经验会对他的行动造成影响和约束。舒茨强调，“处境”必然地包含客观的时间、空间、社会和文化等因素，它们是我在思考行动的问题时不得不考虑的因素，我不可能对它们视而不见。现实的生活世界结构就是我采取行动的可能范围。

“处境”（Situation）在舒茨的著作中未曾被明确地界定过，有些时候它仅仅被当作一般名词来使用，但有时则被当作特定概念，如“界定处境”（definition of the situation）（*CP I*, 88）。值得注意的是，舒茨使用“处境”这个概念时并不像卢克曼重构《生活世界之结构》（*Strukturen der Lebenswelt*）时所常用的写法，如“在一个被给予的处境下”（in einer bestimmten Situation; in einer gegebenen Situation）（*SL II*, 50; 54）或“在一个处境下”（in einer Situation）（*SL II*, 50），或者像一些二手资料所用的复数形式——Situationen。（List, 1988: 237）舒茨常用的形式是直接用“Situation”或“die Situation”。他说：

> 我总是——正如法国存在主义者所常说的——“在处境中”。（*Relevanz*, 208）

又说：

> 在我的意识生活的任一时刻我都在世界中；我在时间、空间、自然还有人群中的位置（Position），对我而言就是在世界中的处境。（*Relevanz*, 208）

人的处境就是人在世界中的处境，或者说，人在时间、空间、自然与社会当中的位置（Position）。人无时无刻不在世界中，也就无时无刻不在处境中。但此中的时空自然并非客观宇宙的时空自然，而是生活世界的时空结构及自然，这点容后详细讨论，在这里必须先指出的乃是人在时空自然社会的位置并不构成“处境”的全部内容，因为处境是经由自己的界定而产生的。舒茨强调“被界定的处境”与“处境”没有区别（*CP II*, 244），也就是说，我们人之所以会处在某个处境并不完全是被迫造成的（auferlegt），人并不是面对一个与自己全然不相干、未曾预期的处境，更不是只能做被动的反应，被迫采取行动去解决问题。相反地，人的处境有一大半是自己主动参与的结果，用萨特的话来说，它是人自由选择的结果①。如前所言，处境对舒茨而言就是“被界定的处境”，他解释：

① 虽然舒茨对处境概念的理解接近萨特，他对后者的绝对自由的概念却完全不能认同，因为萨特对自由的描述不能展现人在生活世界中的真实面貌。（*CP I*, 20）

> 正如海德格尔和法国存在主义者所言，我们的存在真的总是“在世存在”。然而如何去界定处境，却是操在自己的手上……（这意味着，我们必须解释我们自己的“在世存在”）……周遭世界纵然不是我们自己所创造，却必须由我们去决定它的意义，再说界定周遭世界的方式也就是我们应对它的方式。（*Relevanz*, 130）

我们清楚地看到，处境除了包含客观面的时空自然和社会等部分，也包含主观面的个人过去经验〔这是为什么舒茨总是将处境称为“传记式处境”（biographische Situation）（*SL II*, Nachlass: 252）〕，知识背景（以作为界定处境的基本凭借）和以“兴趣”（Interesse）为基础的“关涉性系统”（Relevanzsystem）等等。

客观面的时空自然社会结构，舒茨又称之为“预先被给予世界的本体论结构”（die ontologischen Strukturen der vorgegebenen Welt），如果没有主观面的介入，特别是“关涉性系统”的介入，这些客观的结构本身是不会形成人的处境的。处境是人以他的过去经验及知识为背景，并基于他的关涉性系统，对外在的本体论上的结构之元素加以组织安排的结果。简单地说，人不是遭逢处境被迫做反应，而是主动迎向世界形成处境。舒茨在未完成的《生活世界之结构》的遗稿中明确地指出处境包含了两个层面：1.时空自然及社会等客观面；2.人的主观面（*SL II*, Nachlass: 252）。下面我将分别对这两个层面作分析。

首先就自然的部分来说，生活世界的自然不同于自然科学所建构的自然。以地球和太阳的关系为例，对于在生活世界的人而言，太阳每天从东边升起、西边落下是一个十分自然的经验事实，虽然从科学的角度来看，太阳没有移动，而是地球自己在转。又如，春夏秋冬四季不同对平常人而言也是极为平常的经验事实，它不必因为人们有地球公转的知识才显得有意义。舒茨说，哥白尼的工作就在于把平常人视为理所当然的经验事实当作问题来探讨，但舒茨强调，此时哥白尼实际上已脱离了平常人的思维方式，亦即，他已经用不同的"关涉系统"在看这个世界了。

自然界有着它自己的结构，在这一结构中又有个具特殊地位的物体就是人自己的身体。身体扮演着知觉及动作主体的角色，世界也因它而呈现为具有方向向度的世界。舒茨指出："我的身体是坐标系统的原点"（*Relevanz*, 215），从这个原点出发，世界可以区分为左右、上下和前后等向度。其次，我的身体永远在这里（Hier），相对于它，其他的人或物体都在"那里"（Dort），它们展现出某种长度、宽度和深度，并且随着我的身体之移动而有所不同。

基于这种生活世界中的自然观念，空间对于平常人而言也不是几何学，物理学之中的空间，而是"被体验的空间"（gelebter Raum）（*Relevanz*, 216）。此空间是我的可能活动范围，各种物体皆在此空间中呈现出来，并和我有着或近或远的关系。“被体验的空间”中的“这里”是我的处境形成之根本出发点；世界的结构性就是从我的这里出发自我呈现的，例如从我这里出发世界可以区分为“我的当下可及之世界”（die Welt in meiner gegenwärtigen Reichweite; the world within my actual reach）以及“我们的潜在可及之世界”（die Welt in meiner potentiellen Reichweite; the world within my potential reach）（*GA I*, 353-354; *CP I*, 306-307），而前者又可再细分为“触觉可及之范围”（Manipulationssphäre; manipulatory sphere）和“听觉或视觉可及的范围”（meine Hörweite oder mein Gesichtsfeldes; my earshot or my field of vision）（*Relevanz*, 218; *Relevance*; 176）等等[①]。

在人的空间经验中，舒茨最重视“中介点的不可或缺性”。它的意思是，如果要从A走到D，我不能不经过B和C。以从纽约到伦敦为例，不管人们选择哪一种交通工具，都不能不越过大西洋（除非越过地球的另一端，但此时问题的本质仍未改变，我不过是取另一个中界点罢了）。舒茨之所以特别强调“中介点的不可或缺性”，是因为现实世界的本体论上的结构是不容忽视的，它对行动所构成的阻碍性甚至是现实世界之实在性的构成基础。如果我在采取行动时完全不考虑现实世界的本体论上的结构，则我的行动构想无非只是一种想象，这种

① 请参考本书第一部分第四节有关实质行动的部分。

行动类似于卡通世界中的行动，可以轻易地克服种种障碍。空间障碍作为一个现实的客观因素是“加在我的身上，而且独立于我。我不得不视它们为理所当然。”（*Relevanz*, 220）换言之，我只能接受它们的存在，思考如何克服它们，而无法对它们存在的事实视若无睹。以刚才所举的例子来说，我可以考虑要搭飞机或轮船横越大西洋，却不能考虑要不要横越大西洋。空间的阻碍性在实质行动的考量中无疑地扮演了重要的角色。

其次就时间结构而言，它包含外在时间的结构，如昼夜之分和四季之分，也包括内在时间的结构，如时间的不可回复性、持续性以及“成长变老的经验”（die Erfahrung des Älterwerdens）等等。舒茨所最为重视的是第三点，他强调，“成长变老”乃是一个每个人都必须面对的“形上学事实”（metaphysisches Faktum）。变老的经验就是对自己不会永远活着，生命是有限的感受。人的这种意识促使他去做生命中的各种安排，进行各式各样的规划，形成一个所谓的“动机关涉系统”（Motivationsrelevanz），这就是一般所谓的生涯规划（Lebensplan）。

人的生命不仅有终点，也有起点，虽说他对于自己的诞生没有留下任何的印象，可以确定的是他必然诞生在某一时刻。舒茨指出，我们每个人的传记都是由此开始的，亦即出生是人生各种阶段的开端，也是各种关涉系统（包括“主题化关涉性”“解释关涉性”和“动机关涉性”等等——这些概念的含义容后再予说明）的起点。

人所受时间的限制不只在于他的生命是有终点和起点而已，在实质行动的进行过程中，时间，犹如空间也会构成障碍，而成为我们必须面对和克服的对象。舒茨特别用“等待”来说明，例如要让一颗糖完全溶解于水之中需要时间，一个母亲生小孩也要怀胎足月才行。对于这些现象我们急不得，只能等待，直到时机成熟。现代人因为科技发达，往往可以将等待的时间尽可能缩短，但是无论如何也不能够缩短到不必有任何的等待时间。时间的障碍犹如空间的障碍，属于现实世界之本体论上的结构的一部分，它构成实质行动的可能范围，有时也是有待克服的对象。根据“障碍性构成实在性”的原则，没有考虑时间障碍的行动构想实际上无异空想。除此之外，时间的先后顺序也有它的结构性，例如播种必在收成之前，这种顺序往往透过我们的“目的动机”（um-zu-Motive）呈现出来，目的必在手段之后，两者在时间上有着一定的先后关系，颠倒不得。

最后在社会结构方面他区分了“社会的周遭世界”（soziale Umwelt）与“社会的共同世界”（soziale Miewelt）两个层面[①]。前者等同于一般社会学家所说的“面对面关系”（face-to-face relationship），人们在此关系中不只是共同度过一段时间也分享同一个空间，他们不只彼此可知觉到对方的表情、姿态，听到对方的声音，更可以直接地感受到对方的心理感受。当他们处于互动的关系时，往往会互相影响对方。这种直接的

① 请参考本书第一部分第五节有关社会世界结构分析的部分。

互动性在“社会的共同世界”，也就是非面对面的关系中就不存在。人们在这种关系中基于时间或空间上的隔阂只能间接地感受到他人的思想、情绪等等。除此之外，舒茨特别留意社会化知识的问题。人在处境中采取行动，不论是与他人有关的社会行动抑或与他人无关的一般行动，所借以解决问题的知识往往来自他的社会环境。这种具有“处方之知”（Rezeptwissen）特色的日常之知并非一种严格的科学知识，它顶多只是一种在经验中一再被证实为有效的经验之知罢了。借着这种知识人们界定他自己的处境和解决面对的问题，如此也显示他是某个社会团体的一分子。此时文化与社会往往是分不开的，晚期的舒茨思想特别重视“内团体”（in-group）与“外团体”（out-group）之间文化差异的问题，所谓的生活世界之社会结构也可扩充为生活世界的文化社会结构①。一个人借由他所拥有的知识显示出他是属于哪一个社会文化团体，但同时也显示出他的局限。一个完全没有任何文化社会背景的人对舒茨来讲是无法想象的。正如同前面所提的空间、时间和自然，文化社会也构成处境之客观面重要的部分。

以上都是针对处境的客观层面作分析，下面本文将说明处境的主观面。事实上客观与主观两个层面是不能截然二分的，谈客观面时我们实际上已经涉及了主观面，而下面谈主观面时

① 见Yu, C.-C.（1999）. Schütz on Lifeworld and Cultural Difference. In Lester Embree（Ed.）, *Schützian Social Science*, Dordrecht, Boston, London: Kluwer Academic Publishers, 159-172.

我们也将看到它与客观面的密切关系。

如同前面所说过的，在日常生活，人们随时都处在特定的处境中，而处境又都是行动的处境，或者说是“实质行动”的处境。处于实质行动中的人，其意识状态可说是最紧绷的，这是相对于想象、白日梦、做梦或冥思的意识状态而言。在紧绷的状态中，意识总是有一个主题，这一主题随着前面提过的兴趣而出现。兴趣使我们的意识集中在某件事物上，舒茨说它：

> 决定世界的本体论上的结构中的哪些元素，还有储存知识的哪些元素和眼前的处境是相关的，以便我能够以思想的、行动的和情绪的方式去界定它。（*SL II*, Nachlass: 254）

这些被我们所关注的事物，具有舒茨所称的“主题关涉性”（thematische Relevanz）。这个概念在本书第一部分的第三节我们曾经提到，我们现在要对它做进一步的阐述。被主题化的主题总是包含了我们所遭遇到的问题，只要是问题便不得不解决。然而不同的问题具有不同程度的急迫性，急迫性高的会成为我们意识的焦点，急迫性低的则自然被放到边缘去。舒茨指出，“要紧的事先做”（first things first）乃是一般人在日常生活中，亦即抱持自然态度（natürliche Einstellung）时的基本想法。

所谓的“主题关涉性”还可细分。有时候，我们会自然地朝向一件事物，借着它达到我们的目标。这种“主题关涉性”被舒茨称为“自愿的”（freiwillig）（*Relevanz*, 59）。不过有时候我们却被迫去注意一个对象，舒茨举了一个例子：

> 一个人在寒冷的冬天走进一个昏暗的储藏室，无意间瞥见角落一团卷曲的东西，这个形状让他联想到蛇，但也可能不过是一条绳索被堆放在那儿。为了自己的安全，他不得不去关心那个东西究竟是什么。（*Relevanz*, 69）

这个踏进昏暗房间的人原本有别的目的——寻找工具或是什么的——但是，眼前无意间出现的事物却让他分心，暂时忘掉原先想做的事，被迫去弄清楚眼前到底是什么东西。这类事物具有舒茨所谓的“被迫造成的主题关涉性”（auferlegte thematische Relevanz）（*Relevanz*, 58）

在日常生活中，不管我们的注意力是自愿地或是被迫地集中在某个对象上，我们总是在处境中，和这个处境所包含的问题相关联着。解决问题和“解释问题”及“界定情境”是息息相关的；一旦我们界定了情境就几乎等于打算用何种方式去解决它们。当我们界定情境时，连带地把一些相关的事物也做了解释，亦即它们将从什么角度被解释，或者在什么类型下被解释。类型化与平常人的“知识储存”（Wissensvorrat）有关，我们在特定的处境中借以了解事物的类型，乃是位于我们的认识能力（Erkenntnisvermögen）之中。日常之知并非严格的科学知识，而是与实践活动密切相关的“处方之知”。这些知识大部分来自社会文化环境，少部分则得自个人的过去经验。每个人的“储存知识”总是储存着许多解决各种问题的解答，在不同的处境中被派上用场。这些与解决问题有关的知识被舒茨称为“解释的关涉性”（Interpretations- bwz. Auslegungsrelevanz）（*Relevanz*, 68）

基本上我们可以肯定，解决或克服处境中的问题意味着意识中某个主题的消解，这个原先位于意识中心的意识内容又重新回到意识的边缘。日常生活中有些问题比较容易克服，基本上它们都是例行之事，人们通常有足够的知识去应付它们；相对而言，偶尔才出现的问题就比较棘手，我的知识中的类型化概念往往不足以应付它们。就舒茨看来，日常生活世界一般而言就是“日常世界”（Routinewelt），生活在这个世界中的人一般都有着“我总是可以一再地”（ich kann immer wieder）和“而且如此继续”（und so weiter）的思考方式。

不论是典型或非典型的处境，我们总是必须面对它们，解决其中所含藏的问题，而且是用实质行动去加以克服。当舒茨说这些情境及问题促使我们去解决它们时，他把这些情境中的问题称为“动机关涉性”（Motivations-relevanz）。（*Relevanz*, 79）

前面提到，我们应对处境的方式在相当程度上依赖于我们所处的社会及文化世界。这意味着，我们“知识储存”（Wissensvorrat）中的元素多是在社会文化世界中获得的。

在社会世界中有着该社会成员所共同接受的知识，亦即，在社会世界中有着关涉性与类型化的结构（Relevanz-und Typisierungsstruktur）。社会只是生活世界的一部分，因为后者还包含了自然世界。“自然”虽可以经由文化的解释而成为文化世界的一部分，特别是经由象征作用而形成像太阳神、月神、山神、海神等等概念，但无论如何，自然世界还是有它的独特性，不能完全被化约为文化的一部分。自然与社会文化两者对于舒茨而言都是日常行动不可逾越的范围。它就是我们在前面所阐述的“世界的本体论上的结构”，也是舒茨所谓的“生活世界之结构”的基本含义。这一结构往往被人们视为理所当然而不加以特别留意，只有当人们采取科学、艺术、宗教或任何其他不同于日常生活的实践态度时[①]，才比较能够意识到它的存在。

以上是针对处境的主观面与客观面分别进行分析，透过这些分析我们了解到，处境不纯然只是客观的时空自然社会等结构，而是人基于他的知识背景、兴趣背景和先前的经验介入客观结构并加以组织化的结果。所以任何处境一定是“我”的处境，一定是我面对了某些问题而欲采取实质行动加以解决的处境。如此看来，舒茨的“处境”概念很难让我们把它当作一般名词来看待。它既与“生活世界”概念密切相关，也和“关涉系统”紧密相连，更不用说它和“行动”概念的关系了。

---

① 见舒茨的多重实在论。（*CP I*, 207-259）

（四）舒茨论怀疑、选择与行动

在前一节我们说明了生活世界的结构是行动的范围，它们因为过于理所当然而不被质疑甚或察觉。不过不被察觉并不意味不存在，我们甚至可以说没有它们，是不可能有实质行动的。但实质行动的含义究竟为何呢？

舒茨将实质行动界定为“经由事先想定而发生于外在世界中的行动，它是计划中的事件，并透过身体运动而加以实现”[①]（*CP I*, 212），拟订计划因此是实质行动重要的一部分。但何谓计划呢？首先它是想象中的行动或更恰当地说是构想中的行为。虽然计划离不开想象，但它与纯然的想象还是有着明显的差别，后者不被任何的现实条件所限，例如我可以设想自己是超人，可以飞越天空，单手举起厚重的沙发。但在实际行动中的计划则并非如此，它必须顾及被实现的可能性，必须考量手段与目的之间的恰当性，总之，必须顾及前一节所提到的生活世界之结构性。舒茨说：

> 在真实行动发生之前，我无法虚拟地改变那些超乎我控制的处境要素，我必须依据我所了解目前这种情形在真实世界内的发生可能性，衡量所有的机会与风险。（*CP I*, 95）

① 有关实质行动的详细说明请参考本书的第一部分第四节。

有些行动的风险比较低所以实现的机会比较高，它们多半是一些在日常经验中一再发生的例行行动，在类型上它们有着比较高的一致性；相对来说，偶尔才发生的行动被实现的机会就比较低，例如，商人衡量某笔交易的必要性，带领部队的将军思索是否该采取攻击行动。在他们的处境中，所需考虑的因素很多，既然需要深思熟虑，计划被实现的可能性就大为降低。

计划是尚未实现而有待实现的行为，不过，计划中的行为仍不是确定会被采取的行动，它只是一个方案，就手段与目的之间的关系来讲，它只不过是达到同一个目的的多种手段之一罢了。就比如从台北到台南，我可以搭飞机、搭火车或自行开车，如果选择最后一个，我还得考虑不同的路线。目的虽然相同，不同的计划毕竟指向未来不同的行动。

舒茨借由胡塞尔的“开放可能性”（offene Möglichkeiten）和“问题可能性”（problematische Möglichkeiten）两个概念来说明人们考虑不同行动方案的过程。所谓“开放”指的是明确的行动构想仍然尚未浮现，任何一种方式都是可能被采行的。姑且回到上述从台北到台南的例子来说，走路、骑脚踏车可说都包含在“开放可能性”之内，但我们几乎可以断定这些方案在交通便利的现代是没有人会认真加以考虑的，也就是它们不会成为所谓的“问题可能性”。由此可知，所谓“问题的”（problematisch）指的就是“值得认真考虑”之意，至于到底哪一个计划可以脱颖而出成为被执行的对象，舒茨说这当中需要经过怀疑、选择与决定的经验过程。（*CP I*, 88）

在怀疑的情境中，自我在两个或更多的趋向之间犹豫不决，他处在倾向于相信这个或那个的冲突状态中。如果我采取其中一个方向，则这个可能性对我而言就好像已经实际存在，而另一个可能性的存在就相对降低或消失了。如果这个倾向一再被强化，我便极有可能会做出决定而付诸行动。然而选择往往不是轻易就能完成的，“决定是在一个澄清若干竞逐之趋向的过程中形成的。”（*CP I*, 81）具相反方向的不同选择彼此皆要求被实现，放在“开放可能性”与“问题可能性”的脉络来讲，舒茨说：

> 问题可能性预设了信念的趋势，这些趋势由处境所激发并彼此冲突对立；由于他们皆偏袒某一方，所以各有其特定分量。另外，开放可能性则无任何分量，他们皆旗鼓相当，具有同样的可能。在此并无预先构成的选项，所以位于一般架构内的各个可能叙述都具有同等的开放性。由于它们无任何偏袒，所以也不会彼此对立。（*CP I*, 83）

舒茨强调，在两个计划之间做选择与在两个客体之间做选择是不同的。就后者而言，当我从其中一个（例如A）转移到另外一个（例如B）并再度回到A时，A一如往常并未改变。但就后者而言，我对于将来行动的若干计划并非同时存在于外在时间中。舒茨认为：

> 心灵借由想象的行为，在内在时间中逐次形成各种不同的计划，并可以因偏爱某一个而放弃另一个，也可以再回到第一个……而透过从一个意识状态转到下一个意识状态，我已经有所成长，并扩大我的经验，因而当我返回第一个计划时，我已不复当时草拟这个计划的我，所以我回归的计划，亦非原来被我放弃的计划；或者以较清楚的说法来讲，它仍然是相同的计划，不过已经经过修改。（*CP I*, 85）

舒茨借由柏格森的时间理论来阐明这个现象。柏格森指出，一般认为所谓选择未来的行动是在并列的两个对立项之间游移，但这是没有将时间纳入考虑的结果，如果我在两个可能的行动方案X及Y之间进行选择，或者说徘徊于两者之间，我已经经历了一系列的心理状态。严格来讲，X与Y并非两个对立的状态，而是自我所经历的一系列渐进而不同的状态。换言之，在思虑行动方案中，我会持续地成长与扩展，我所思虑的对象也跟着有所改变。舒茨解释道：

> 严格来说，所谓两个趋向或两个方向，其实只是一种比喻的说法；在现实中，并非两个趋向或两个方向，而只是一个自我借由其踌躇犹豫而成长与发展，最后自由的行动使自身超然于自我，就如同熟透的果实离开树枝。（*CP I*, 86）
>
> 预期中的各种行为具有准共存性，它们都是可能

的行动方案，直到我做成最后决定为止。舒茨认为人有理性思考的能力去衡量每个趋向，去进行莱布尼茨所谓考量后果的技术（the art of consequences）的活动。（*CP I*, 91）

（五）对舒茨观点的批判反省

首先我们先就前言部分所提到之决定论与非决定论问题的不同立场来检视舒茨的观点。根据以上我们对舒茨所做的诠释，不难看出他的立场是比较接近“自由论”的，因为他的行动理论强调行动者所赋予其行动的意义，也就是所谓的主观意义，这一主观意义的存在使得人的行动有别于自然现象。而且舒茨强调主观意义并非不能了解，一个旁观者对一个行动者的了解，如果恰当的话一定是吻合于行动者的主观意义的。

舒茨基本上认为人在行动过程当中对于自己究竟要采取什么手段去达到他的目的是十分的清楚，但对于为何自己会采取特定手段则不见得完全有所意识。换言之，人的行动有着类似于自然现象因而适合于用因果法则加以解释的部分。但这不表示舒茨会认同“决定论”的基本主张，因为他一方面不可能认同“硬的决定论”，毕竟人的行为在手段的选取上拥有自主权，他也必须在不同的行动方案之间做选择，这是他所拥有的自由。在真正采取行动之前，他完全有着不同的可能性去执行他的行动，我们无法事先完全确定一个人将会做什么决定采取什么行动；另一方面他与“软的决定论”不同之处在于他并未刻意强调人的行为是否受外在人为束缚或内在精神恍惚之影响，因为在他的讨论当中他预设了正常的情况，也就是说一个在特定处境中的人（例如一个证券投资商面对股价下滑）如何面对、思考及解决所遭遇的难题（例如：该在这个时候卖掉手中的股票？）。在日常生活世界的特定处境中，行动者必须全神贯注地面对困难处理问题，这里面包括界定处境，斟酌考虑手段的选择以及采取实质的行动去实现目的等等。如果有外在人为的束缚，日常生活世界的行动者也会把这个束缚转化成他必须纳入考虑的客观因素，视它为必须克服的对象。同样地，一个采取日常行动者也尽量避免让自己分神，更不用说恍惚状态了。一个开飞机的飞行员不是有飞行前几个小时不得饮酒的禁令吗？一个长途驾驶的司机不总是借助咖啡或其他饮料来提神吗？生活世界对舒茨而言本质上就是“实质行动的世界”（Wirkwelt）①，它意味着在日常生活中行动者以最紧绷的意识状态去和生活世界的诸种结构（自然、社会文化等等）相折冲，以便处理所遭遇的问题。

总之，舒茨是比较认同自由论的看法，也主张人应该为他自己的行为负责，只不过必须指出的是人所负责的是他在手段（即行动方案）上所做的选择及其产生的后果，而不是为何他会有做这种选择的倾向。人并不是受制于处境而被迫反应，处境是行动主体对客观环境所诠释的结果，所以一个人会处在什么处境，他自己要负一大半的责任。当然我们也不该忽略客观

① 请参考本书第一部分第四节。

的生活世界结构是稳定不变的事实，行动者对于处境的诠释也不能任意为之，否则人的行为是没有意义也不合理的。萨特式的自由概念不适合用来描写人在生活世界的真实面貌，是舒茨所一再强调的①。人在生活世界当中并不享有绝对的自由，他所要负起的也就不是绝对的责任，日常行动的责任是相对而有限的②。

舒茨对处境与行动关系的思考，有其可取之处。他指出人的处境是行动者自己诠释的结果，而非只是各种客观条件及因素的配对组合罢了，人因此必须为自己的处境负责，这是毋庸置疑的。一旦处境的意义确定之后，人的实质行动便跟着呼之欲出。实质行动是人借以处理问题、解决困难的具体凭借，它的意义必须放在具体的生活世界结构中才得以彰显出来。人的自由是相对而有限的，这个有限的自由使得他寻求"合理"而"有效"的手段去解决问题，去克服处境中的困难。

下面我将针对舒茨的理论，提出一些思考和反省。舒茨所谈的问题之重点在于，在目的已经设定的前提下，人必须为自己所选择的手段负责。至于目的从何而来则不在讨论的范

---

① 请参考正文198页注①。

② Walter Schulz在他的文章"Freiheit und Unfreiheit"（自由与不自由）表现出类似于舒茨的看法，他一方面反对弗洛伊德（Freud）式的决定论思想（所谓的非自由思想），另一方面他也反对萨特式的绝对自由想法，指出两者之间的辩证关系，而提出人的自由是有限–具体（endlich-konkrete）的自由。见Schulz, W.（1981）. Freiheit und Unfreiheit. *in Vernunft und Freiheit.* Stuttgart: Reclam.

围内。舒茨这个立场认为，人所追求的任何目的都有它的正当性，人勿须在目的上斟酌考量，他所需要做的只是思考如何去达成目的而已。然而目的与手段之间往往是游移不定的，它们之间的区别往往只是依赖于我所做的考量基准。以“我必须（从台北）到台中亲自跑一趟”为例，相对于我该选择哪一种交通工具而言是目的，然而相对于“我必须把一件在中的事情处理好”而言，它却只是诸种手段当中的一个罢了，例如我为什么不能打电话处理或请人代为处理呢？所以说，当“我必须（从台北）到台中亲自跑一趟”这个目的从某个角度来看也是手段的时候，为何我就不必为这个目的负起任何责任呢？再说任何一个目的的建立也很难说不是行动者本人选择的结果，我该说，如果我不跑台中这一趟，则会延误商机，损失惨重，所以我不得不设定这个目的吗？萨特提醒我们，这个想法的背后是我做了“无论如何必须赚到钱”的选择，虽然对这个选择我可能是不自觉的，但还是一种选择。当我明明知道同一时间亲人病重需要照顾，我却依然往台中跑，以赚钱为优先考量，则我选择了赚钱为优先考量这个目的，是更为明显的。

其次，依照舒茨的观点，我固然必须为自己所选择的手段负责，但是却很难为“何以我会倾向于做这样的选择”之基本态度负责。例如一个从小在不良环境下长大的人也许会养成偷窃说谎的习惯，所以每次在特定的场合他往往会自然而然地选择不诚实的手段来解决问题。依照舒茨的想法，这个人之所以会有那样的成长环境完全不在他的掌控范围内，那不是他所选择的，所以也负不了责任。固然舒茨不至于主张一个犯罪者由于成长环境不佳，情有可原，所以应可免除罪刑（他毕竟不是“硬的决定论者”），然而强调一个人无论如何必须为所选择的手段负责，却是好似只为了维护社会正义的基本原则而已，犯罪者依舒茨理论看来好像蛮无辜的。然而真是如此吗？如果我们注意到并非所有成长环境不好的人都会走上犯罪之路就可以反驳这种似是而非的看法。此外，什么是一个人的过去经验呢？一个人的过去就是他所经验的种种事实吗？果真如此，任何人都将无法真正了解他自己的过去，因为过去所发生的事林林总总，不胜枚举，我们之所以能够理解过去必定是因为它被放在某个意义脉络下。诚如萨特所言“过去”与“过去所具有的意义”可说是不可分的。所以，犯罪者的过去并非自然而然存在的事实，而它是——再次借用萨特的语言——被选择的结果。如果我们的诠释是适当的，则“一个行动者不须为他之所以有做这样的选择之倾向负责”的说法似乎也不全然是对的。

二、社会关系的冲突与和谐

（一）问题之提出：冲突是人际关系的唯一模式吗？

萨特的存在主义思想向来推崇人的自由，世界的意义，包含一般事物与他人，莫不取决于人的自由抉择。然而另一方面萨特也充分地意识到人的自由所受的限制，除了人本身所在的时空背景与生命的有限性，他人的存在更是鲜明地构成了限制自由的核心因素。基于这项背景，萨特所看到的是冲突的人际关系，他甚至否认我与他人之间存在着主体对主体的关系。在萨特看来，他人的存在虽然是自明的事实，但身为绝对自由的存在者，我只是在忍受这个不得不接受的事实，他人与我之间不存在着和谐的关系。舒茨的哲学重心在于为社会科学的方法论奠定哲学基础，他认为所有的社会科学概念与理论都是以社会的周遭世界经验为基础的。在周遭世界中，他人和我除了共同经历一段时间，也共享一个空间，因此他人的表情、语言和沟通意向都直接展现在我的眼前。在此之中，舒茨最重视的是他人与我一同度过一段时间这个事实，他在晚期的思想中以“相互准备投入关系”来描述这个人我相互交融的情境。首先，我将分别说明萨特与舒茨对人我社会关系的看法，其次，我则试图借助于舒茨的角度来评析萨特的观点，讨论冲突是否为人际关系的唯一模式这个问题。下面分三个部分作论述：

I 萨特：冲突的社会关系

II 舒茨：和谐的社会关系

III 他我关系只能是冲突的吗？

（二）萨特：冲突的社会关系

1. 羞耻、被注视与他人的存在

对萨特来说，他人的存在是不需要被证明的，因为就在自我意识的体验里，就能分析出对他人存在的意识，例如当我们感觉到羞耻的时候。萨特问，羞耻的对象是什么呢？他认为无非就是自己，也就是不满意自己在别人眼中的模样。表面上这似乎只不过是“自己”的体验（Erlebnis, *BN*, 221）而已，然而实际上它却已经包含了别人的因素，也就是只有在意识到别人的前提下，我才可能有羞耻的体验。

> 本质上羞耻就是认可，我认可我就是别人眼中的我。（*BN*, 222）

正如我对自己的存在有直接的体验，透过羞耻我也直接体验到他人作为主体的存在。羞耻至少预设了相信自己的模样被其他人看到了，所以无形中在看似主观的体验里已经蕴含了他人存在的因素。在羞耻的体验中，我遭遇了他人，这是萨特“证明”他人存在，并破除唯我论的说明方式。但显然这不是严格的证明，对于萨特而言，真实的体验是比客观的证明更具说服力，更确切地说，他所做的是描述这种不得不蕴含他人存在的体验。

虽然萨特认为证明他人的存在不是问题，但他人究竟是何种模样的存在呢？在萨特看来，“他人之为人”的特质在于：他具有自己的中心，而他与他的周遭事物的关系不是我当下所能触及的。例如当我看到一个人坐在公园里面，我所看到的将不仅仅是一个物质对象，比如说一个布偶甚或一棵树、一块石头等等，“让我可以把理解时空‘对象’的范畴运用在他身上。也就是说我可以将他理解为位于座椅‘之旁’，距离草地有两尺又二十寸之遥，正在对地上产生一些作用力等等”（*BN*, 254）。相反地，我所看到的乃是另外一种情况：作为一个中心点，这个存在者正将其周遭事物组织起来。被注视到的这个人和这些事物之间并非仅仅具有物体与物体之间的关系而已，因为在这个关系里面包含了“兴趣”或“关注”的因素。他对那些事物具有主控支配的能力，他带着自己的注意焦点去看那些事物。由于这个情况不在我的意识世界中，不受我的意识支配，因此我原本自满自足的世界乃受到了挑战。萨特指出，它所带来的是“去中心化”的效应，因为：

> 他人出现在我的世界中，这件事所带来的效应是整个世界的滑落，世界的去中心化，它严重打击了我所构作的中心。（*BN*, 255）

结果是我的世界产生了一个裂缝，它失去了完整性。更有甚者，我还有可能反过来被他所注视，使得他我关系转变成他是主体，而我是客体。这将使我的存在出现一种截然不同的新面貌。透过“钥匙孔窥视”的例子，萨特说明“被注视”的经验。

在窥视钥匙孔门后景象的当下，我的意识只呈现出被注视的对象而没有呈现出自我来，因为我的意识全部集中在被注视的对象上面。一旦我听到向前趋近的脚步声，我便突然间感到一阵羞愧，我意识到别人不会赞同我的所作所为。这时我才意识到自己的存在，而这个存在正好也是别人眼中的自我。值得一提的是，“反省的自我意识”（reflective self-awareness）与“我知道自己是他人注意的对象”（knowledge that I am an object of attention for others）是分不开的，萨特说：

> 直接将自我当作对象来看待只有对于反省的意识而言才是如此。非反省的意识并不直接把人（person）当作其对象；而且唯有当人是他人的对象时，它才呈现给意识。这等于是说，就在我意识到自我的瞬间，我意识到逃避自我（escaping myself），这个自我并非我自己的虚无之基础，反而我的基础是外在于我自己。唯有关联到别人时我才有自我可言。（*BN*, 260）

这时别人的眼光也笼罩了我身边的一切，身边的事物与我产生了疏离，我自己也变得跟一般物体似乎没什么两样。

> 因此在我意识到他人的注视而感受到震惊的当下，此事发生了——突然之间我经验到我自己的可能性的深度疏离，这一疏离还关联到世界中的事物，这些事物在世界中，但是离我远去。（*BN*, 264-265）

我被注视的结果是：我变成了一个物件，别人因此可以对我的行为举止做判断犹如他们在判断动物的行为或植物的变化。我的主观性可以说在此情况下丧失殆尽，我的意识所具有的超越性特质也“被超越”了。

> 以注视的方式呈现的他人不过就是——我的超越性被超越了。（*BN*, 263）
>
> 对于他人来说我坐在椅子上跟墨水瓶放置在桌子上没有两样；对于他人来说我倚靠在钥匙孔之前就像一棵被风吹斜的树倚在门边。如此一来我的超越性是完全遭剥夺了。（*BN*, 262）

对于别人来说，我只不过是一个“在己存在”，一个可以任凭使唤与随意操控的对象。换个方式说，“为他存在”（being-for-Others）无非就是“为己存在”（Being-for-itself）与“在己存在”（Being-in-itself）的综合结果。这呼应了前文所说处境的含义，“处境是为己与在己的关系。”（见第一节）。

> 因为他人，所以我才有外在，也才有本质。我的沉沦最初无非来自他人的存在。（*BN*, 263）

“被注视”所导致的另一个结果则是，我并不是整个情况的主宰者。就算我勉强还拥有掌控能力，我也不再对整个处境拥有主导权。（*BN*, 265）我不仅仅是别人注视的对象，也是他们评价的对象。我被定型了，或许我不愿意继续如此而意图反击，回头注视他以剥夺他的自由或超越他的超越性，但是在萨特看来，这项反击只会进一步加深了我对他人自由的肯定。

别人的自由对于我的自由之妨碍比起任何事物所造成的妨碍都来得大。假设我被狂风暴雨所阻止而不能从事户外活动，则我未尝不能耐心等到雨停，我自然而然就可以不受阻碍地去做我想做的事，然而别人对我所做的限制却大为不同，它不会轻易地自动消失，我可能必须付出沉重的代价才能达到目的。

他人的存在就在自我意识当中自然浮现。我充分体验到他人的存在，不必等待任何的证明。借此萨特认为他解答了传统哲学有关“他人心灵”（other mind）的困惑。传统对于他人心灵的处理方式基本上是：首先我认定我对外在世界的认识是基于我的知觉内容与印象，其次他人存在的方式与其他物体没什么差别，都是外在世界中的物体；再者我不能够直接经验到他人的意识内容，因此我只能够用类比的方式接近他。我有什么样的心理内容就有什么样的外在表现，因此从他人的外在表现，我可以类推其心理内容。

在萨特眼中，胡塞尔算得上这种传统观点的代表人物。胡塞尔认为他人的心理意识活动及内容从来不能被我直接地经验到，也就是“原初不可及的”；这些心理意识活动及内容永远只能透过媒介被我间接经验到。为此胡塞尔提出了“间接的意向性”或“意向性的间接性”（Mittelbarkeit der Intentionalität）来说明这个问题。依胡塞尔的想法，间接的意向性从来不能单独运作，它必须依附在直接的意向性之上。就经验他人而言，在我的意识中直接呈现的是他人的身体（Körper），间接呈现的则是他人的心理意识活动及内容。后者虽是原初的不可及，却不是完全的不可及。如前所言，胡塞尔提及他人的身体与我的身体之间存在着“结对联想”（paarende Assoziation），它促使我从他人的身体间接的经验到他人的心理活动，并且经验到他人所知觉到的自然事物。

萨特对胡塞尔的批评在于，他人并非先在我的意识中被构成，接着才与我产生关系的。实际的情况是他人在我的体验中，特别是像“羞愧”与“被注视”这一类的体验中自然地浮现出来。他人的出现甚至于是我能够体验到自己的“自我”（self）之先决条件。我所知道的自我是他人眼中的自我，我只不过循着他的眼光注视自己罢了。而这一切又跟人的身体经验脱离不了关系。

2. 身体以及跟他人之间的具体关系

萨特谈身体时做了“身体作为为己存在”（body as being-for-itself）与“为他的身体”（body-for-Others）的区分。

虽然萨特在谈自由与处境的问题时所提到的实际性不包括身体，不过在谈身体的问题时，却是特地将我的身体称为实际性。如果我们了解实际性的意义，就不难明白萨特为什么要将身体看作是实际性，理由很简单：我不可能没有身体，我的存在就是“在那里”的存在，在桌子的前面，在教室里面或是在树荫下、在小山丘上等，无论如何我不能不在某个地方。我的存在就是身体的存在，身体承载着各种感官，我用身体的感官去经验周遭世界的种种，而世界的现象以我为中心呈现给我，我是这个世界的中心。只不过这个中心不会明显地呈现出来，因为我身在其中，在平常的经验里我不会去意识到它。其次，在行动里我“使用”身体，而身体又再去使用其他的工具。但身体怎么会是工具呢？这是个简便的说法，严格说来，我根本就是我的身体，只有身体会去使用工具，身体本身不会是个工具，但是萨特还是用了“工具”的概念谈身体，毕竟我们也有可能把身体客体化或对象化，也就有可能把它给工具化。但是当我就是身体的时候，我是不可能把身体看成工具的，例如我拿起笔写东西，我并不是用手当作工具去使用另外的工具，萨特明白指出，“我对我的手与我对笔是不同的使用态度。”（*BN*, 323）在书写过程中，我的注意力集中在所写的文字或所绘制的图形上面，这时我的手“消失了”，它消失在“工具的复杂系统”（*BN*, 323）里面，只有这样系统也才能够运作顺畅。

我的身体离不开意识，但是这不等于说，存在着独立于身体的意识，反而萨特认为身体就是意识，但这时的意识不是反省的意识，而是对于身体“事实上”存在的意识，也就是一种对于身体的实际性之体认。身体就是“作为为己存在的身体”。如果没有身体，我就不可能处在某个地方，不可能跟周遭世界发生任何接触，所以虽然萨特在论述自由与处境的关系时未将身体列为五项“实际性”之一，实际上身体却是“我的地方”与“我的周遭世界”的预设条件。

“作为为己存在的身体”跟我的意识不可分，所以正如我在进行意识活动的当下不会刻意透过反省觉察到“自我”，同样地在“使用身体”的当下我也是不会意识到“我的身体”存在，仿佛它藏身起来，不为我所知一般。身体向来隐而不显，直到我明显意识到它才显露出来，例如说，看医生的时候。在医生面前，这个“作为为己存在的身体”以另外一种形貌出现，也许他检查我的胸口，听我的呼吸，拍打我的背部，看看有什么反应，我张开口让他检查我的喉咙等等。这时候我的身体变成了一种工具，一种借以诊断疾病以及被医疗仪器使用的对象。我的身体不仅仅被观察而已，也被他用语言描述着，用文字记录着，如果我信任他的诊断，则我也会使用他的语言来描述我自己的身体，甚至直接用他的角度看自己的身体，这时候，这个身体不再是“作为为己存在的身体”，那个被我不断使用，但也从来是隐藏着的身体，如今它暴露出来，首先在医生的眼前，接着也出现在我的眼前。它是“为他的身体”（body-for-Others）。我之所以看它是因为别人注视它的缘故，或者说，别人先看到它，我才顺着这个方向去看它。为什么这个身体明明是我的，却要叫它“为他的身体”呢？萨特说：

> 对我们而言别人似乎完成了一项我们办不到，但却富有意义的功能，就是如实地去看我们自己。（*BN*, 353-354）

我们平常便不会刻意去看自己的身体，即便刻意去看，也不是所有部位都看得清楚，例如背部、颈部和头顶便是如此，但这些部分却是无时无刻不暴露在别人面前，别人比我们更有优势去注视“我们自己”的身体，这项说法看似不合常理却是真实无比。假如医生使用精密的仪器，断层扫描、心电图、胃镜等等来辅助诊断，则我们对自己的身体就更加不具有发言权了。然而我们并不是有两个身体，萨特说：“为他的身体就是为己的身体，只不过是不可明了的也是异化的。”（*BN*, 353）我有时不免需要采取别人的眼光来看自己的身体，看那个变得跟我有一些距离的身体。萨特挖苦地说道：“我试着看它就好像我是另外一个人似的。”（*BN*, 355）这时候我们停止对身体的经验，而是开始用认知的方式对待它。讽刺的是，我们有时候不免屈服于别人的眼光，而以为那个“为他的身体”就是身体唯一的样貌。例如我们之所以会害羞就是因为过度重视他人注视我们的方式。萨特说：

> 我们通常说害羞的人为“自己的身体感到难堪”，实际上这个说法是不对的，当我以自己的身体存在着的时候我是不可能感觉到难堪的。只有那个为他的身体才会令我难堪。（*BN*, 353）

在害羞的经验中，我经验到被客体化的身体，而且把这个身体看得比“作为为己存在的身体”还更重要，但是萨特认为这种客体化的身体是不能反客为主，被我们当成身体唯一的模式，毕竟它只是一种“逃离我存在的身体”（*BN*, 354）。

从萨特的论述可知，他我关系并非和谐的社会关系，从他我相互注视的经验里显示出，双方在互相争夺主导权，彼此并不处在融洽和谐的气氛里，而是剑拔弩张的对峙气氛中。尽管每个人的“自我”建立有赖于他人，但是人人仿佛都不愿意接受他人所提供的这个“自我”，而想要保持自己的自由与超越性。他人只是每个人生命中不得不承受的一种负担罢了。故而社会生活的进行是疏离异化的表征。而冲突则是人与人之间关系的基本特性，但如此一来，这样的关系反映在行动上将是何种形貌呢？在《存在与虚无》这本书的“与他人之具体关系”（Concrete Relations with Others）章节，萨特对于他我之间的行动关系进行了细腻的分析。

在冲突的人际关系里任何一个人都不可能真正地拥有另一个人，也就是另一个作为意识的自由存在者。当我是主体的时候，他就是客体，反过来说，当他是主体的时候我则变成客体。有没有可能是主体相应于主体的时候呢？理想上，“爱”的活动便是一个主体对主体的关系，爱人者，他所爱的对象不是一个物件，而是自由的意识主体，在真正的爱的关系里，他既肯定自己的自由，同时也肯定所爱的人的自由。不幸的是，这种理想的人际关系对萨特来讲不可能落实，基于冲突的人际观，他认为“爱”的关系要不是转化为他主体我客体，就是我主体他客体，萨特用“受虐待狂”（masochism）来说明前一种情况，而用“虐待狂”（sadism）来说明后者。

在“受虐待狂”的人际关系里，爱人者期望自己变成永远属于被爱者的“在己存在”，他抛弃自己的自由而把他人的自由当作是绝对的。但是这怎么可能呢？一个人怎么可能完全放弃自己的自由呢？萨特强调，受虐待狂本人清楚地意识到受虐待的状态是自己所招致的，他为自己的存在状态感到羞愧，也深深感到自己是个失败者，诡谲的是，他喜爱这种失败的感觉，乐在其中。问题是，他明显地处于自我欺骗的状态，他想把自己变成物件，但是他也因此时时刻刻感到焦虑不安，只因为他不能免除自己作为自由的存在者之身份，无论他如何欺骗自己都办不到，所以萨特说：

> 受虐待狂本身是注定失败的……唯有经由他自己的超越他才能够使得自己成为被超越的对象。他越是想要享受自己的客观性，他越是淹没在自己的主体性之意识中——因此他焦虑不安。（*BN*, 378）

相反的极端是“虐待狂”。虐待狂对待所爱的人之方式就是将他予以客体化。他拒绝承认他人是自由的，他努力剥夺他人的自由以致他人对他而言是个呆滞的物体，在此基础上他对该对象肆无忌惮地为所欲为。他以高高在上的姿态面对他人，他只承认自己是超越者，别人只是没有生命灵魂的躯壳或肉体。他充分地把自己的欲望施加在他人身上，将他人据为己有。不幸的是，他人只需要回头注视他一眼，就足以使他的虐待狂心态彻底瓦解。萨特指出：“当受他虐待的人回头看他、注视他时，虐待狂会发觉他是失败了；亦即，当虐待狂经历到根源于他人自由的自己绝对疏离时……”（*BN*, 405）虐待狂必然要体认到他人的自由不是他可以任意剥夺的，所以虐待狂的结局注定是失败的。

萨特说：

> 意识之间的关系之本质不是共在，而是冲突。（*BN*, 429）

（三）舒茨：和谐的社会关系

舒茨在探讨社会科学的哲学基础时强调社会科学的概念不是凭空出现的，而是以具有明证性的生活世界经验为基础。一般人的社会经验可以分为直接的与间接的，舒茨分别称为“社会的周遭世界”（soziale Umwelt）与“社会的共同世界”（soziale Mitwelt），前者又比后者更为基本。在“周遭世界”中，他人和我除了共同经历一段时间，也共享一个空间，因此他人是以具有明证性的方式呈现出来，他人的表情、语言和沟通意向都直接展现在我的眼前。在“共同世界”中，他人只能够以“类型化”（Typisierung）的方式出现，我只是以我在周遭世界中对他人的经验为基础来推断“共同世界”中的他人之可能经验。社会科学建立在概念的运作上，这些概念源自人们在间接的社会经验中所使用的类型化概念。借此舒茨阐释了社会科学与生活世界经验的延续关系。

在本书的第一部分我们就曾经指出，“社会的周遭世界”与“社会的共同世界”之区分是舒茨社会理论中很重要的一点。前者就是所谓“面对面的关系”（face-to-face relationship），后者则是借由“类型化”而建立起来的社会关系。“社会的周遭世界”与“社会的共同世界”之区分的意义主要在于舒茨想借它说明社会科学思考的特质。社会科学家以特有的观察方式面对社会世界，它既不同于“周遭世界的观察”（umweltliche Beobachtung），更不是周遭世界当中的社会互动经验，因为基本上社会科学家与被观察的对象彼此之间完全没有互动的关系，它们只是以置身事外的方式面对对象，而且是以概念的建构为主——正如韦伯——借由理念型（Idealtypus）来面对对象。社会科学家的观察当然可以回溯到“周遭世界之观察”而作修正，因为后者的对象是活生生地呈现在眼前，而非只是借由理念型概念间接地被认识而已。如前所述，舒茨强调社会科学的概念乃是以生活世界的社会经验为基础的。说明科学概念与明证性经验之间的关系乃是现象学的基本课题之一，就这点而言舒茨与胡塞尔的思路可以说是相互一致的。如果说胡塞尔完成了逻辑、数学和自然科学概念与前概念或前述谓经验之间的关系的话，则舒茨的贡献无非在于说明社会科学概念与前概念的社会世界经验之间的关系[①]。

① 这当然不意味着胡塞尔完全没有思考或处理人文社会科学基础的问题。见他的《观念》第二册（*Ideen II*）。

舒茨如何分析前概念的社会世界经验？亦即所谓的“社会的周遭世界”呢？我们可以分下列几点说明：

1.社会周遭世界中的他人是以切身的（leibhaftig）自我呈现，亦即，他的表情和肢体动作都表现为具体鲜明的样态。

2.当我在经验眼前的你之时，我是把以前对你的认识尽可能地派上用场，这种认知有可能在眼前的经验中再度得到证实，但也可能得到修正或补充。

3.你我眼神的交换有助于掌握彼此的意识流。

4.双方都有机会参与另一人行动构想的实现过程。

5.我的周遭世界与你的周遭世界是相同的；我们有着相同的周遭世界。

6.我总是可以检验我对他人的意识经验之诠释是否恰当。

7.在周遭世界关系中，人们有着实质行动关系（Wirkensbeziehung），我可以预知他的行动构想，并依据这一了解调整我自己的实质行动。在这一互动当中，我的意识流和你的意识流处于同步状态。（*SA*, 236-240）

根据以上这几点，舒茨强调，“只有从社会的周遭世界关系，从我们对于世界的共同经验才有所谓的‘交互主体性’被建构起来。”（*SA*, 237）

然而舒茨说这是一个“充满内容的我们关系”（inhalterfüllte Wirbeziehung），它不同于“纯粹的我们关系”（reine Wirbeziehung）。这两者是如何区别，而此区别的意义又是什么？[1]所谓的“纯粹”指的是不具任何内容，它因此不出现在任何具体的经验中，如同舒茨所说的“你的此在”（Dasein von Du）是不存在于任何经验当中的，因为在具体经验中总是已经有着某种“如在”（Sosein）。“纯粹的我们关系”可以说是一种极端状况，舒茨把它称为“极限概念”（Limesbegriff）。如前所言，“纯粹的我们关系”是由两个纯粹的“朝向你态度”（Dueinstellung）所构成的。后者意味着“我对你做好准备，将注意力朝向你”，此时它没有任何的内容，只是纯粹的形式，它也是“极限概念”。如果对方对我也有“朝向你态度”，则此时便构成了“社会关系”，即“纯粹的我们关系”。“纯粹的我们关系”可说是“社会的周遭世界”的根本基础。这意味着，生活世界中活生生的社会关系预设了纯形式的“我们关系”及“朝向你态度”。

这里有两个问题要提出来：为何生活世界中活生生的社会关系必须预设了“我们关系”及“朝向你态度”这些纯粹概念？此外，所谓的“极限概念”在舒茨的思想中扮演着怎么样的角色？

舒茨在《社会世界的意义构成》一书中曾把“他人的主观意义”称为“极限概念”，在1936年的《社会世界之人格问题》（Das Problem der Personalität in der Sozialwelt）一文中也提到“你的内在时间流的现在式”是一个“极限概念”

---

① 不少研究舒茨的学者并没有注意这两种我们关系的区别，而将纯粹的我们关系直接当作社会的周遭世界（见List, 1988: 26; Psathes & Waksler, 1973: 161f; Thomason, 1982: 74），我认为这是严重的混淆。

（1936: 45/7136）。在他流亡美国之后的作品中甚少提到“极限概念”，却提到了相类似的“立场可互换的观念化”（the idealization of the interchangeability of the standpoints）和“关涉系统之一致性的观念化”（the idealization of the congruency of the systems of relevance）（*CP I*, 315f）。如果我们接受舒茨学生Maurice Natanson对舒茨思想所做的诠释，舒茨的工作主要在说明“常识世界的结构及其预设条件”（Introduction to *CP I*, xxv），则舒茨借由“极限概念”和相类似的“观念化概念”来说明社会世界之实际经验的基础乃是可以理解的。由此透显出来的意义是，舒茨所走的是康德式的超越论哲学道路，也就是说，当他欲说明社会经验如何可能时，仍然是从主体去寻找。尽管他的主体非胡塞尔超越论现象学当中的超越论主体，而是日常生活世界中的行动主体，但无论如何舒茨仍未能脱离以“主体性”来阐述“社会性”的思路。

这种“主体式取向”的观点在其晚期著作中比较不是那么明显，除了因为“极限概念”不再扮演重要角色，我们还可以看到舒茨晚期凸显了“相互准备投入关系”（mutual tuning-in relationship）这个概念在阐述社会关系当中的重要性。在一篇名为《一同演奏音乐：社会关系之研究》的论文中，舒茨探讨了社会关系的最终基础，并指出“相互准备投入关系”可以作为所有社会沟通形式的根基。所谓“相互准备投入关系”意指同时从事同一项活动的两人或多人都将注意力调整到这项活动上。这种关系明显地表现在两个正准备摔角的角力选手身上，从事棒球运动的投手和捕手之间或投手与打击手之间，也表现在两个正准备进行辩论的人身上。不过舒茨认为，两个或多个一同演奏音乐的音乐家之间最能彰显这种“相互准备投入”的情况。

舒茨区别两种合奏音乐的方式，一个是作曲者和演奏者之间的关系，另一个则是演奏者和演奏者之间的关系。就前者而言，演奏者可以借由演奏乐曲而与作曲者共同拥有一段时间历程，两者的意识流是同步的，舒茨说：

> 我们因此有着如下的情况：在内在时间中的两个事件序列，一个属于作曲者的意识流，另一个是属于演奏者的意识流，它们同时都被经历着，这一同时性乃是被音乐过程的持续性所创造出来。此篇论文的主旨在于指出，于内在时间中参与他人的经验之流，或者说一同度过活的当下，构成了我们在前言部分所提及的“相互准备投入关系”，这是一种“我们”的经验，它是所有各式各样沟通的基础。（*CP II*, 173）

演奏者在演奏乐曲的同时，与作曲者几乎是处在面对面的关系，当然他们并没有真正的面对面，但是两人的意识流却是处于同步状态。

作曲家与演奏者非真正的面对面关系，真正有面对面关系的乃是同台合作演出的音乐家们。在后一种关系中，人们不仅在时间上同步，也分享着同一个空间，他们可以彼此知觉和感受对方的存在，并且也注意着对方的一举一动，舒茨说：

> 每个演奏者都必须考虑到其他人所要执行的部分……此外，他也必须顾及其他演奏者对他执行表演的诠释。（*CP II*, 176）

这种密切的互动性当然只限于小型的演奏团体，大型的演奏团体，各个成员彼此之间的协调显然就不得不由指挥来代劳。

在舒茨看来，音乐演奏最能表现出作为社会关系基础的“相互准备投入关系”，在此关系中不存在着任何主体的色彩，社会关系的真正基础存在于“我们”共同的意识流和你我彼此间的相互关注，所有的沟通行动都不得不预设“相互准备投入关系”，这种关系只存在于主体与主体之间，而不存在于特定主体上。

（四）他我关系只能是冲突的吗?

从冲突的人际关系出发，萨特否认我与他人之间存在着主体对主体的关系，但是他也不认为主体对客体或是客体对主体有好的结果。在社会关系的问题上，萨特提供给我们的是一个消极悲观的信息。他人的存在是个自明的事实，但我们只是忍受这个事实，它是我们身为绝对自由的存在者不得不承受的一种实际性，他人对我的客体化使得“我的为他存在是一个沉沦”（*BN*, 275），这是萨特言简意赅的结论。

让我们试着从萨特所举的例子出发做一些思考。他提到远距离地注视一个人，例如坐在公园的长板凳上；又譬如，隔着门上的钥匙孔注视里面的人，以及逐渐趋近的脚步声等等。就拿后一个例子来说，假设这个趋近的脚步声逐渐向前，以致终于有个人现身在我面前并且跟我打招呼，我们不禁要问，这是什么样的经验？萨特未曾分析过这一类型的经验，依据他的理论来说，相互打招呼，亲切问候对方的两个人不过就是互相地客体化对方，矮化对方。这种解释离我们对打招呼的一般理解相去甚远。我们必须说，在相互打招呼这种社会关系里面，虽然少不了注视与被注视的关系，然而更重要的应该在于他我之间的互动性。

萨特所谈的他我关系一直未曾脱离主客对立架构，完全未能涉及他我之间的互动关系。当我与他人一起交谈、协商解决问题，当我与他人一同合唱歌曲、一起演奏乐曲时，这个经验并不意味着我把对方客体化，而是我们融入一个共同的、难分彼此的状态中，这种状态，如果用萨特自己的语言来说，也是一种前意识的状态，这时候根本是分不清彼此他我的。对于这种再真实不过的经验，为什么萨特会视若无睹，只字不提呢？

有时候在对他人的经验里，远观是很平常也很重要的。我在观赏一出戏剧、一场球赛时，他人是我观察或是观赏的对象。这时我可以说置身事外，不必然与对方直接发生关系，有时候我的掌声会给表演者带来激励的作用，但是我不见得非如此不可，我可以效法萨特在钥匙孔窥视他人的方式漠然地注视着表演者。但是如果我到了球场的目的是帮我所支持的球队加油，则我的置身事外就显得格外突兀了。比较自然的表现难道不应该是：当我看到球员有好的表现时，我为他鼓掌叫好，当他表现不好时我为他加油打气吗？更重要的是，这件事不会只有我一个人在做，我的真实体验是，我和其他的观众一起做这件事。借由情绪上的感染，我不能不说我体验到了“我们”的存在。就在一起加油喝彩的当下，难道没有“我们一起如何如何”的经验出现吗？难道我不能够事后断定我与他人一起度过一段时间，经历过一段时间流吗？这里有谁把谁客体化的问题吗？

萨特试图借由羞耻的经验与被注视的经验走出唯我论，说世界上不会只有我一个人存在，这些羞耻与被注视等真实的体验明明白白向我显示，他人的存在是不容置疑的。但是肯定他人的存在不表示肯定社会关系的存在。萨特眼中的他人既不跟我交谈也不跟我一起度过一段时间，更不会跟我一起从事任何活动，他只是眼睁睁地瞪着我瞧，或是揭发我的不义之举等等。我原本独立自足的圆满世界都因为他人出现的缘故而遭破坏。我们固然不须否认他人与我之间会处在紧张冲突的情境底下，但毕竟只占了人我关系的一小部分。他人如果不跟我有任何互动的关系，而是彼此只有远距离的注视与被注视关系，则怎能说彼此之间存在着任何社会关系呢？舒茨在《论萨特的他我理论》（Sartre's Theory of the Alter Ego）一文当中对萨特曾经有过如下的批评，他说：“萨特对于处境与行动自由的描述不能贴切地描述人的真实面貌。”（*CP I*, 201）把这个批评用在萨特对人我社会关系的看法上可以说也未尝不恰当。

中文—外文对照表

一画

一个世界：die eine Welt

一般设定：Generalthesis

二画

人格同一性之构成：die Konstitution der persönlichen Identität

人造制品：Artefakt

三画

已然行动：Handlung

之间的世界：Zwischenwelten

上手状态：Zuhandenheit

万物有灵的想法：Animismus

广延之物：res extensa

四画

不可充实：Unerfüllbar

不同质：Heterogen

互换的社群：Wechselgemeinschaft

内在于自己文化内的他者：intrakulturelle Fremdheit

内在于自己的他者：intrasubjektive Fremdheit

内在的超越：immanent transcendence

内在直观：Innenschau

内容含藏性：Inhaltsfülle

内团体、外团体：in-group, out-group

内团体：in-group

化为他有：Enteignung

反省的自我意识：reflective self-awareness

心灵生命：Seelenleben

在手世界：die vorhandende Welt

在手状态：Vorhandenheit

文化之间的他者：interkulturelle Fremdheit

文化客体：Kulturobjekt

文化客体化：Kulturobjektivation

文化间性：Interkulturalität

文明：Civilization

方向（坐标）系统：Koordinatensystem

日常世界：Alltagswelt

日常生活世界：alltägliche Lebenswelt

日常世界：Routinewelt

切身的不在场：leibhafte Abwesenheit

为了什么目的：um zu

为了什么缘故：Worumwillen

为己存在：being-for-itself

为他存在：being-for-Others

为他的身体：body-for-Others

不在场的在场：abwesende Anwesenheit

无法决定的：unbestimmbar

开放的可能性：offene Möglichkeit

认识能力：Erkenntnisvermögen

五画

世界核心：Weltkern

主题：Thema

他人：Anderer

他人心灵：other mind

他人的活动领域：the world of the other

他我：alter ego

他者：Fremdheit

他群世界：Fremdwelt

他群的周遭世界：fremde Umwelt

凸显性：Auffälligkeit

可充实：Erfüllbar

可证实的原初不可及之可及性：die bewährbare Zugänglichkeit des original Unzugänglichen

召唤–回应：Ansrpuch-Antwort

召唤：Anspruch

另一个自我：anderes Ich

只是思考：blosses Denken

外团体：out-group

本质：eidos

本质上的意义历史：wesensmäßige Sinngeschichte

本质心理学：eidetic psychology

本质心理学：eidetische Psychologie

本质科学：Wesenswissenschaft

本质类型：Wesenstypik

本体论上的结构：ontologische Struktur

本体论的自由：ontological freedom

未决定：unbestimmt

正常情况：Normalität

“民族”的同感：“nationale” Einfühlung

生活世界之构成：die Konstitution der Lebenswelt

生涯规划：Lebensplan

立场可交换的观念化：the idealization of the interchangeability of standpoints

占为己有：Aneignung

世间现象学：mundane Phänomenologie

记号：sign（Zeichen）

记号：Zeichen（sign）

记号体系：Zeichensystem

处方之知：Rezeptwissen

处境：（Situation） situation

发生现象学：genetische Phänomenologie

对他者之屈服：Auslieferung an das Fremde

对话：Dialog

对应者：Korrelat

归类：Einordnung

主题关涉系统：thematisches Relevanzsystem

主题关涉性：thematische Relevanz

边界游移性：Grenzspiel

六画

交互主体性：Intersubjektivität

交互主体的交换影响：intersubjektive Wechselwirkung

交互主体的他者：intersubjektive Fremdheit

充满内容的我们关系：inhalterfüllte Wirbeziehung

先天心理学：die apriorische Psychologie

先天性：Apriori

共同世界：Mitwelt

共同世界：Gemeinwelt

共同性的预先被给予的基础：das vorgegebene Boden der Gemeinsamkeit

再回忆：Wiedererinnerung

再造：Reproduktion（reproduction）

再认的综合：Synthesis der Rekognition

同一极：Identitätspol

同时代人：Nebenmensch

同时性：Gleichzeitigkeit

回头指涉：Rückverweisen

回到事物本身：zurück zur Sachen selbst

多元次宇宙理论：theory of the many sub-universes

多元的：Polythesis

多重形态：polymorphism

多重实在论："multiple realities" theory

如在：Sosein

如此当下此处：Jetzt-Hier-So

成长变老：Altern

成长变老的经验：die Erfahrung des Älterwerdens

有限–具体：endlich-konkret

有理性者：Vernunftwesen

有意义的：sinnhaft

次宇宙：sub-universe

次序：order

考量后果的技术：the art of consequences

而且如此继续：und so weiter

自由论：libertarianism

自我：Eigenheit

自我世界：Eigenwelt

自我掌控：Selbstbeherrschung

自我极：Ichpol

自我领域：Eigenheitsspäre

自欺：bad faith

自然态度：natürliche Einstellung

自然态度的构成现象学：die konstitutive Phänomenologie der natürlichen Einstellung

自然态度的悬搁：epoché der natürlichen Einstellung

自愿的：freiwillig

行为：Verhalten

行动：Handeln

决定论与非决定论：determinism and indeterminism

共现：Appräsentation （appresentation）

共现的：appresentational

共现者：das Appräsentierende

共现指称：appresentative reference

后人世界：Nachwelt

当下化：Vergegenwärtigen

动机关涉性：Motivationsrelevanz

问题化的可能性：problematische Möglichkeit

问题的结构：Problemstellung

问题领域：Problemkreis

观念化：idealizations

观念化的可重复性：idealisierte Wiederholbarkeit

设准：Maxime

设准：Postulat

传记式情境：biographische Situation（biographische Situation）

当下经验：actual experience

存在者：Seiendes

价值知觉：Wert-Wahrnehmung; Wertnehmung

兴趣：Interesse

兴趣架构：Interessenlage

关涉系统：system of relevance（Relevanzsystem）

关涉系统具一致性的观念化：the idealization of the congruency of the systems of relevance

关涉性系统：Relevanzsystem

关涉理论：Theorie der Relevanz

观点是普遍的：universaler Gesichtspunkt

七画

位置：Position

你的此在：Dasein von Du

完全成功的沟通：vollkommene erfolgreiche Kommunikation

完形心理学：Gestaltpsychologie

形上学事实：metaphysisches Faktum

我：Ich

我们关系：we-relationship

我群世界：Heimwelt

我总是可以一再地：ich kann immer wieder

沉淀的历史：sedimentierte Geschichte

角度：Perspektive

言说：Rede

身体：Körper

身体作为为己存在：body as being-for-itself

阻碍性：Aufsässigkeit

时间流：Dauer

时间流程：Dauerablauf

我的当下可及之世界：die Welt in meiner gegenwärtigen Reichweite（the world within my actual reach）

这里与现在：here and now

间际：Inter

沟通的周遭世界：kommunikative Umwelt

我思行为：Cogitationes

我们的潜在可及之世界：die Welt in meiner potentiellen Reichweite（the world within my potential reach）

邻人：Mitmensch

听觉或视觉可及之范围：meine Hörweite oder mein Gesichtsfeldes（my earshot or my field of vision）

体验：Erlebnis

社会人格：soziale Personalität

社会文化世界：sozio-kulturelle Welt

社会角色的承载者：Träger einer sozialen Rolle

社会集合体：soziale Kollektiva

社会现实性：soziale Wirklichkeit

纯粹的人格们：reine Personen

纯粹的我们关系：reine Wirbeziehung

八画

话语：Diskurs

话语典型和规范：diskursive Mustern und Normen

事态：Sachverhalt

具体的生活世界：konkrete Lebenswelt

典型的：Typisch

受虐待狂：masochism

周遭世界：Umwelt

固定性：Invarianz

注意：Zuwendung

事物世界：Dingwelt

直接呈现：Präsentation

知觉中的作用共同体：Funktionsgemeinschaft einer Wahrnehmung

表达：Ausdruck

非正常：anormal

非类型化特征：atypische Merkmale

侧显：Abschattungen

图式：Schema

现象学心理学：phänomenologische Psychologie

实际性：facticity

组合：Konstellation

终极的现实性：paramount reality（ausgezeichnete Wirklichkeit）

表象：Vorstellung

软的决定论：soft determinism

单一主题地：Monothetisch

单子：Monade

单子社群：Monadengemeinscahft

单纯自然：blosse Natur

单纯直观表象：blosses anschaulishes Vorstellen

视向：Blickrichtung

视域：Horizont

视域风格：Horizontstil

视域意义：Horizontsinn

现象学心理学还原：phänomenologisch-psychologische Reduktion

现时的经验内容：aktueller Erfahrungsinhalt

经验他人：Fremderfahrung

诠释：Deuten

诠释：Interpretation

实用性的生活世界理论：pragmatische Theorie der Lebenswelt

实质行动关系：Wirkensbeziehung

实质影响他人：Fremdwirken

构成：Aufbau

构成：Konstituieren

构想：Entwurf

范围：Spielraum

拥有性：Verfügbarkeit

环节：Phasen

隶属性：Zugehörigkeit

变样的现实性：modifizierte Wirklichkeit

九画

前人世界Vorwelt：

前文化世界：precultural world

前摄：Protention（protention）

封闭之意义领域：finite province of meaning（Geschlossener Sinnbereich）

封闭之意义领域：geschlossener Sinnbereich（finite province of meaning）

急迫性：Aufdringlichkeit

指示：Bezeichnen

指称的：referential

指号：Anzeichen （indication）

界定处境：Definition der Situation（definition of the situation）

相互交融：Verschränkung

相互理解：Verständigung

相互准备投入关系：mutual tuning-in relationship

相应性：Korrelation

相关联：Korrelativ

看：Blick

看法互换性的一般设定：the general thesis of the reciprocity of perspectives

虐待狂：sadism

要紧的事先办：first things first

面对面关系：face-to-face relationship

首先给予：erstgeben

神话般的周遭世界：mythische Umwelt

脉络主义者：Kontextualisten

脉络的：contextual

统一性：Einheit

统一的：Einheitlich

统觉：Apperzeption

统觉的：apperceptual

绝对自由：absolute freedom

绝对私己：absolut intim

结对：Paarung

结对联想：paarende Assoziation

种族-原初的周遭世界：völkisch-primordiale Umwelt

语词：Wort

说明的：interpretational

标记：Merkzeichen（mark）

独白：Monolog

独霸的单一文化：angemaßte Monokultur

亲近性：Vertrautheit

总是再一次：immer wieder

总体概念：Inbegriff

厘清：Aufklären

类型学：Typologie

十画

原始存在：wild Being

原初的：ursprünglich

原初的社群：ursprüngliche Gemeinschaft

原初领域：primordiale Sphäre

哲学人类学：philosophische Anthropologie

哲学上的欧洲中心主义：philosophischer Eurozentrismus

真理之游戏：Spiel der Wahrheit

高阶的我们：Wir hörher Stufe

匿名性：Anonymität（anonymity）

匿名的判官：anonyme Instanz

被共现者：das Appräsentierte

被迫造成的：auferlegt

被迫造成的主题关涉性：auferlegte thematische Relevanz

被迫造成的关涉系统：auferlegtes Relevanzsystem

被奠基客体：fundierte Objekt

被遭遇：encountered

被体验的空间：gelebter Raum

预先回忆：Vorerinnerung

预先被给予：Vorgegenheit

预想：Antizipation（anticipation）

预先被给予世界的本体论结构：die ontologischen Strukturen der vorgegebenen Welt

十一画

基本秩序：Grundordnung

基于什么原因：weil

基础性的底层：fundamentale Grundschicht

理由：reason

理性中心：Logozentrik

理性行动：rationale Handlung

理性的多元分离：die Zerteilung in eine Vielfalt von Logoi

理解：Auffassen

理解：Verstehen

第三者：das Dritte

第三者判官：die Ordnungsinstanz eines Dritten

描述心理学：beschreibende Psychologie

描述心理学：deskriptive Psychologie

减约过程：substractive procedure

虚无：nothingness

象征：Symbol（symbol）

逸去：Entzug

绵延：Durée

悬搁：epoché

十二画

最终的调整：letztregelnd

奠基观念：die Idee der Grundlegung

普遍之强制性：Universalisierungszwang

普遍主义者：Universalist

普遍的观点：Gesichtspunkt des Universalien

普遍象征论：universal symbolism

期待：Erwartung

朝向他人态度：Fremdeinstellung

朝向他们态度：Ihreinstellung

朝向你态度：Dueinstellung

朝向关系：Einstellungsbeziehung

焦虑不安：anguish

硬的决定论：hard determinism

超越：Transzendenz

超越论的交互主体性：transzendentale Intersubjektivität

超越论的我们：transzendentales Wir

超越论现象学：Transzendentale Phänomenologie

超越论现象学还原：transzendental-phänomenologische Reduktion

超越论态度：transzendentale Einstellung

集合体：Kollektiva

滞留：Retention（retention）

滞留：Retention

十三画

微知觉：petite perception

意向性：Intentionalität

意向性的心理学：eine Psychologie der Intentionalität

意向性的间接性：Mittelbarkeit der Intentionalität

意指：Bedeutung

意欲性质：Willkürliche

意义设定：Sinnsetzung

意义发生：Sinnesgenesis

意义结构体：Sinngebilde

意义诠释：Sinndeutung

意识单元：data

斟酌考虑：deliberation

新的已然行动：neue Handlung

新经验：neue Erfahrung

新类型的经验：neuartige Erfahrung

解释：Auslegung

解释：Erklären

解释的关涉性：Interpretations- bwz. Auslegungsrelevanz

跳跃：leap（Sprung）

跳跃：Sprung（leap）

障碍经验：Hinderniserlebnis

错愕：shock

触觉可及之范围：Manipulationssphäre（manipulatory sphere）

十四画

静态现象学：statische Phänomenologie

十六画

整体秩序：Gesamtordnung

外文—中文对照表

A

Abschattungen：侧显

absolut intim：绝对私己

absolute freedom：绝对自由

abwesende Anwesenheit：不在场的在场

actual experience：当下经验

aktueller Erfahrungsinhalt：现时的经验内容

alltägliche Lebenswelt：日常生活世界

Alltagswelt：日常世界

alter ego：他我

Altern：成长变老

Anderer：他人

anderes Ich：另一个自我

Aneignung：占为己有

angemaßte Monokultur：独霸的单一文化

anguish：焦虑不安

Animismus：万物有灵的想法

anonyme Instanz：匿名的判官

Anonymität（anonymity）：匿名性

anormal：非正常

Anspruch：召唤

Ansrpuch-Antwort：召唤–回应

Antizipation （anticipation）：预想

Anzeichen（indication）：标记

apperceptual：统觉的

Apperzeption：统觉

Appräsentation （appresentation）：共现

das Appräsentierende：共现者

das Appräsentierte：被共现者

appresentational：共现的

appresentative reference：共现指称

Apriori：先天性

die apriorische Psychologie：先天心理学

Artefakt：人造制品

the art of consequences：考量后果的技术

atypische Merkmale：非类型化特征

Aufbau：构成

Aufdringlichkeit：急迫性

auferlegt：被迫造成的

auferlegte thematische Relevanz：被迫造成的主题关涉性

auferlegtes Relevanzsystem：被迫造成的关涉系统

Auffälligkeit：凸显性

Auffassen：理解

Aufklären：厘清

Aufsässigkeit：阻碍性

Ausdruck：表达

Auslegung：解释

Auslieferung an das Fremde：对他者之屈服

Auszeichen（indication）：指号

B

bad faith：自欺

Bedeutung：意指

being-for-itself：为己存在

being-for-Others：为他存在

beschreibende Psychologie：描述心理学

die bewährbare Zugänglichkeit des original Unzugänglichen：可证实的原初不可及之可及性

Bezeichnen：指示

biographische Situation（biographische Situation）：传记式情境

Blick：看

Blickrichtung：视向

blosse Natur：单纯自然

blosses anschauliches Vorstellen：单纯直观表象

blosses Denken：只是思考

body as being-for-itself：身体作为为己存在

body-for-Others：为他的身体

C

Civilization：文明

Cogitationes：经历

contextual：脉络的

D

Dasein von Du：你的此在

data：意识单元

Dauer：时间流

Dauerablauf：时间流程

Definition der Situation（definition of the situation）：界定处境

deliberation：斟酌考虑

deskriptive Psychologie：描述心理学

determinism and indeterminism：决定论与非决定论

Deuten：诠释

Dialog：对话

Dingwelt：物质世界

Diskurs：言说

diskursive Mustern und Normen：言说典型和规范

das Dritte：第三者

Dueinstellung：朝向你态度

Durée：绵延

E

eidetic psychology：本质心理学

eidetische Psychologie：本质心理学

eidos：本质

Eigenheit：自我

Eigenheitsspäre：自我领域

Eigenwelt：自我世界

die eine Welt：一个世界

Einheit：统一性

Einheitlich：统一的

Einordnung：归类

encountered：被遭遇

endlich-konkret：有限–具体

Enteignung：化为他有

Entwurf：构想

Entzug：逸去

epoché：悬搁

die Erfahrung des Älterwerdens：成长变老的经验

Erfüllbar：可充实

Erkenntnisvermögen：认识能力

Erklären：解释

Erlebnis：体验

erstgeben：首先给予

Erwartung：期待

neue Erfahrung：新经验

Unerfüllbar：不可充实

F

Einstellungsbeziehung：朝向关系

face-to-face relationship：面对面关系

facticity：实际性

finite province of meaning（Geschlossener Sinnbereich）：封闭之意义领域

first things first：要紧的事先办

freiwillig：自愿的

fremde Umwelt：他群的周遭世界

Fremdeinstellung：朝向他人态度

Fremderfahrung：经验他人

Fremdheit：他者

Fremdwelt：他群世界

Fremdwirken：实质影响他人

fundamentale Grundschicht：基础性的底层

fundierte Objekt：被奠基客体

Funktionsgemeinschaft einer Wahrnehmung：知觉中的作用共同体

G

gelebter Raum：被体验的空间

Gemeinwelt：共同世界

the general thesis of the reciprocity of perspectives：看法互换性的一般设定

Generalthesis：一般设定

genetische Phänomenologie：发生现象学

Gesamtordnung：整体秩序

geschlossener Sinnbereich（finite province of meaning）：封闭之意义领域

Gesichtspunkt des Universalien：普遍的观点

Gestaltpsychologie：完形心理学

Gleichzeitigkeit：同时性

Grenzspiel：边界游移性

Grundordnung：基本秩序

H

Handeln：行动

Handlung：已然行动

hard determinism：硬的决定论

Heimwelt：我群世界

here and now：这里与现在

Heterogen：不同质

Hinderniserlebnis：障碍经验

Horizont：视域

Horizontsinn：视域意义

Horizontstil：视域风格

neue Handlung：新的已然行动

I

ich kann immer wieder：我总是可以一再地

Ich：我

Ichpol：自我极

idealisierte Wiederholbarkeit：观念化的可重复性

the idealization of the congruency of the systems of relevance：关涉系统具一致性的观念化

the idealization of the interchangeability of standpoints：立场可交换的观念化

idealizations：观念化

die Idee der Grundlegung：奠基观念

Identitätspol：同一极

Ihreinstellung：朝向他们态度

immanent transcendence：内在的超越

immer wieder：总是再一次

Inbegriff：总体

indication （Auszeichen）：指号

in-group, out-group：内团体、外团体

in-group：内团体

inhalterfüllte Wirbeziehung：充满内容的我们关系

Inhaltsfülle：内容含藏性

Innenschau：内在直观

Intentionalität：意向性

Inter：间际

Interesse：兴趣

Interessenlage：兴趣架构

Interkulturalität：文化间性

interkulturelle Fremdheit：文化之间的他者

Interpretation：诠释

interpretational：说明的

Interpretations- bwz. Auslegungsrelevanz：解释的关涉性

intersubjektive Fremdheit：交互主体的他者

intersubjektive Wechselwirkung：交互主体的交换影响

Intersubjektivität：交互主体性

intrakulturelle Fremdheit：内在于自己文化内的他者

intrasubjektive Fremdheit：内在于自己的他者）

Invarianz：固定性

J

Jetzt-Hier-So：如此当下此处

K

Kollektiva：集合体

kommunikative Umwelt：沟通的周遭世界

konkrete Lebenswelt：具体的生活世界

Konstellation：组合

die Konstitution der Lebenswelt：生活世界之构成

die Konstitution der persönlichen Identität：人格同一性之构成

die konstitutive Phänomenologie der natürlichen Einstellung：自然态度的构成现象学

Konstituieren：构成

Kontextualisten：脉络主义者

Koordinatensystem：方向（坐标）系统

Körper：身体

Korrelat：对应者

Korrelation：相应性

Korrelativ：相关联

Kulturobjekt：文化客体

Kulturobjektivation：文化客体化

L

leap（Sprung）：跳跃

Lebensplan：生涯规划

leibhafte Abwesenheit：切身的不在场

letztregelnd：最终的调整

libertarianism：自由论

Logozentrik：理性中心

M

Manipulationssphäre：触觉可及之范围

masochism：受虐待狂

Maxime：设准

meine Hörweite oder mein Gesichtsfeldes（my earshot or my field of vision）：听觉或视觉可及之范围

Merkzeichen（mark）：标记

metaphysisches Faktum：形上学事实

Mitmensch：邻人

Mittelbarkeit der Intentionalität：意向性的间接性

Mitwelt：共同世界

modifizierte Wirklichkeit：变样的现实性

Monade：单子

Monadengemeinschaft：单子社群

Monolog：独白

Monothetisch：单一主题地

Motivationsrelevanz：动机关涉性

“multiple realities” theory：多重实在论

mundane Phänomenologie：俗世现象学

mutual tuning-in relationship：相互准备投入关系

mythische Umwelt：神话般的周遭世界

N

Nachwelt：后人世界

“nationale” Einfühlung：“民族”的同感

natürliche Einstellung：自然态度

epoché der natürlichen Einstellung：自然态度的悬搁

Nebenmensch：同时代人

neuartige Erfahrung：新类型的经验

Normalität：正常情况

nothingness：虚无

O

offene Möglichkeit：开放的可能性

ontological freedom：本体论的自由

ontologische Struktur：本体论上的结构

die ontologischen Strukturen der vorgegebenen Welt：预先被给予世界的本体论结构

order：次序

die Ordnungsinstanz eines Dritten：第三者判官

other mind：他人心灵

out-group：外团体

P

paarende Assoziation：结对联想

Paarung：结对

paramount reality（ausgezeichnete Wirklichkeit）：终极的现实性

Perspektive：角度

petite perception：微知觉

phänomenologische Psychologie：现象学心理学

Phasen：环节

philosophische Anthropologie：哲学人类学

philosophischer Eurozentrismus：哲学上的欧洲中心主义

polymorphism：多重形态

Polythesis：多元的

Position：位置

Postulat：设准

pragmatische Theorie der Lebenswelt：实用性的生活世界理论

Präsentation：直接呈现

precultural world：前文化世界

primordiale Sphäre：原初领域

problematische Möglichkeit：问题化的可能性

Problemkreis：问题领域

Problemstellung：问题的结构

Protention（protention）：前摄

eine Psychologie der Intentionalität：意向性的心理学

R

rationale Handlung：理性行动

reason：理由

Rede：言说

referential：指称的

reflective self-awareness：反省的自我意识

reine Personen：纯粹的人格们

reine Wirbeziehung：纯粹的我们关系

Relevanzsystem：关涉性系统

Reproduktion（reproduction）：再造

res extensa：广延之物

Retention（retention）：滞留

Retention：滞留

Rezeptwissen：处方之知

Routinewelt：日常世界

Rückverweisen：回头指涉

S

（Situation）situation：处境

Sachverhalt：事态

sadism：虐待狂

Schema：图式

sedimentierte Geschichte：沉淀的历史

Seelenleben：心灵生命

Seiendes：存在者

Selbstbeherrschung：自我掌控

shock：错愕

sign（Zeichen）：记号

Sinndeutung：意义诠释

Sinnesgenesis：意义发生

Sinngebilde：意义结构体

sinnhaft：有意义的

Sinnsetzung：意义设定

soft determinism：软的决定论

Sosein：如在

soziale Kollektiva：社会集合体

soziale Personalität：社会人格

soziale Wirklichkeit：社会现实性

sozio-kulturelle Welt：社会文化世界

Spiel der Wahrheit：真理之游戏

Spielraum：范围

Sprung（leap）：跳跃

statische Phänomenologie：静态现象学

substractive procedure：减约过程

sub-universe：次宇宙

Symbol（symbol）：象征

Synthesis der Rekognition：再认的综合

system of relevance（Relevanzsystem）：关涉系统

T

Thema：主题

thematische Relevanz：主题关涉性

thematisches Relevanzsystem：主题关涉系统

Theorie der Relevanz：关涉理论

theory of the many sub-universes：多元次宇宙理论

Träger einer sozialen Rolle：社会角色的承载者

transzendentale Einstellung：超越论态度

transzendentale Intersubjektivität：超越论的交互主体性

Transzendentale Phänomenologie：超越论现象学

transzendentales Wir：超越论的我们

transzendental-phänomenologische Reduktion：超越论现象学还原（phänomenologisch-psychologische Reduktion：现象学

心理学还原

Transzendenz：超越

typisch 典型的

Typologie：类型学

U

Umwelt：周遭世界

und so weiter：而且如此继续

um zu：为了什么目的

unbestimmt：未决定

unbestimmbar：无法决定的

universal symbolism：普遍象征论

Universalist：普遍主义者

universaler Gesichtspunkt：观点是普遍的

Universalisierungszwang：普遍之强制性

ursprünglich：原初的

ursprüngliche Gemeinschaft：原初的社群

V

Verfügbarkeit：拥有性

Vergegenwärtigen：当下化

Verhalten：行为

Vernunftwesen：有理性者

Verschränkung：相互交融

Verständigung：相互理解

Verstehen：理解

Vertrautheit：亲近性

völkisch-primordiale Umwelt：种族—原初的周遭世界

vollkommene erfolgreiche Kommunikation：完全成功的沟通

Vorerinnerung：预先回忆

das vorgegebene Boden der Gemeinsamkeit：共同性的预先被给予的基础

Vorgegenheit：预先被给予

die vorhandende Welt：在手世界

Vorhandenheit：在手状态

Vorstellung：表象

Vorwelt：前人世界

W

Wechselgemeinschaft：互换的社群

weil：基于什么原因

die Welt in meiner gegenwärtigen Reichweite （the world within my actual reach）：我的当下可及之世界

die Welt in meiner potentiellen Reichweite （the world within my potential reach）：我们的潜在可及之世界

Weltkern：世界核心

we-relationship：我们关系

Wert-Wahrnehmung; Wertnehmung：价值知觉

wesensmäßige Sinngeschichte：本质上的意义历史

Wesenstypik：本质类型

Wesenswissenschaft：本质科学

Wiedererinnerung：再回忆

wild Being：原始存在

Willkürliche：意欲性质

Wir hörher Stufe：高阶的我们

Wirkensbeziehung：实质行动关系

the world of the other：他人的活动领域

Wort：语词

Worumwillen：为了什么缘故

Z

Zeichen（sign）：记号

Zeichensystem：记号体系

die Zerteilung in eine Vielfalt von Logoi：理性的多元分离

Zugehörigkeit：隶属性

Zuhandenheit：上手状态

zurück zur Sachen selbst：回到事物本身

Zuwendung：注意

Zwischenwelten：之间的世界

参考书目

Barber, M. (2004). *The Participating Citizen.* SUNY Press.

Bryson, L.(Ed.). (1955). *Symbols and Society.* New York and London.

Dallmayr, F. (1996). *Beyond Orientalism: Essays on Cross -Cultural Encounter.* Albany: State University of New York Press.

——(1998). *Alternative Visions: Paths in the Global Village.* Lanham: Rowman & Littlefield Publishers.

Carr, D. (1974). *Phenomenology and the Problem of History: A Study of Husserl's Transcendental Philosophy.* Evanston: Northwestern University Press.

De Laguna, G.A.(1960). The Lebenswelt and the Cultural World. *The Journal of Philosophy, Vol.* 57, 777-791.

Drechsel, P., Schmidt, B., & Gölz,B.(2000). *Kultur im Zeitalter der Globalisierung: von Identität zu differenzen.* Frankfurt am Main: IKO-Verlag.

Edwards, P.(1958). Hard and Soft Determinism. In *Determinism and Freedom in the Age of Modern Science.* New York: New York University Press.

Embree, L.(1988) . Schütz ' s phenomenology of the practical world. In E . List & I.Srubar(Hrsg.), *Alfred Schütz: Neue Beiträge zur Rezeption seines Werkes.* Amsterdam.

——(1997). A Gurwitschean Model for Explaining Culture or How to Use an Atlatl. In J. C. Evans & R. W. Stufflebeam (Eds.), *To Work at the Foundation.* Dordrecht: Kluwer Academic Publishers.

——(2002). The Constitution of Basic Culture.*Culture and Society*: *International Journal of Human Sciences*, *Vol*. 3, 75-92. (in Japanese)

Fink, E. (1976).*Nähe und Distanz.* Freiburg.

Orth, E. W., & Cheung, C.-F. (Eds.).(1998). *Phenomenology of Interculturality and Life-world.* Freiburg, München: Verlag Karl Alber.

Feinberg, J.(Ed.). (1978). *Reason and Responsibility: Readings in some basic problems of philosophy (4th edition).* Encino (Cal.): Dickenson Publishing Company.

Dallmayr, F.(1998). *Alternative Visions: Paths in the Global Village.* Lanham: Rowman & Littlefield Publishers, Inc.

Gordon, L. R.(1999). *Bad Faith and Antiblack Racism*. New York: Humanity Books.

Gratfoff, R.(1989). *Milieu und Lebenswelt*. Frankfurt a. M.: Suhrkamp.

Grathoff, R.(Hrsg.)(1985). *Alfred Schütz/Aron Gurwitsch Briefwechsel 1939-1959*. München: Wilhelm Fink Verlag.

Gurwitsch, A.(1974). *Phenomenology and the Theory of Science* (L. Embree, Ed.). Evanston: Northwestern University Press.

Hamauzu,S. (2004) .Schütz und Husserl: zur Phänome nologie der Intersubjektivität. In *Focus Pragenesis IV*, 115-137.

Hayim, G.J.(1996). *Existentialism and Sociology:the Contribution of Jean-Paul Sartre*. New Brunswick, N. J: Transaction Publishers.

Heidegger, M .(1962) . *Being and Time*(J. Macquarrie & E. Robinson, Trans.). New York: Harper & Row.

Held, K.(1989). Husserls These von der Europäisierung der Menschheit, In Jammer&Pöggeler (Hrsg.), *Phänomenologie im Widerstreit*. Frankfurt/M.:Suhrkamp.

——(1991) . Heimwelt, Fremdwelt, die Eine Welt. In *Perspektiven und Problemeder Husserlschen Phänomenologie: Beiträge zur neuen Husserl-Forshcung*. Freiburg(Br.)/München: Alber.

Holenstein, E. (1972). *Phänomenologie der Assoziation: Zu Struktur und Funktion eines Grundprinzips der Passiven Genesis bei E.Husserl.* Den Haag: Martinus Nijhoff.

——(1985). *Menschliches Selbstverständnis: Ichbewußtsein–Intersubjektive Verantwortung, Interkulturelle Verständigung.* Frankfurt/M.: Suhrkamp.

——(1989). Europa und die Menschheit: Zu Husserls kulturphilosophischen Meditationen. In C.Jammer & O.Pöggeler (Hrsg.), *Phänomenologie im Widerstreit.* Frankfurt am Main:Suhrkamp.

——(1998). *Kulturphilosophische Perspektiven.* Frankfurt am Main: Suhrkamp.

Hongladarom, S.(2001). Kulturelle Differenz als kulturelles Konstrukt. In R. Düssel, G. Edel, & U. Schödlbauer (Hrsg.), *Die Macht der Differenz: Beiträge zur Hermeneutik der Kultur.* Heidelberg: Synchron Publishers.

Husserl, E. (1981). *Formale und Transzendentale Logik,* Tübingen: Max Niemeyer.

——(1950). *Cartesianische Meditationen und Pariser Vorträge* (Husserliana I). Den Haag: Martinus Nijhoff.

——(1952). *Ideen zu einer reinen Phänomenologie und phänomenologischen Philosophie (Zweites Buch)*(Husserliana IV; Ideen II). Den Haag: Martinus Nijhoff.

——(1973). *Zur Phänomenologie der Intersubjektivität: Erster Teil: 1905-1920* (I.Kern, Ed.;Husserliana XIII).Den Haag:Martinus Nijhoff.

——(1973). *Zur Phänomenologie der Intersubjektivität: Dritter Teil: 1929-1935* (I. Kern, Ed.; Husserliana XV). Den Haag: Martinus Nijhoff.

——(1976). *Die Krisis der europäischen Wissenschaften und die transzendentale Phänomenologie*(Husserliana VI; Krisis). Den Haag: Martinus Nijhoff.

——(1962). *Phänomenologische Psychologie* (Husserliana IX). The Hague.

——(1973).*Zur Phänomenologie der Intersubjektivität III* (Husserliana XV). The Hague.

——(1993). *Logische Untersuchungen.* Tübingen.

——(1950). *Ideen zu einer reinen Phänomenologie und phänomenologischen Phänomenologie* （*Erstes Buch*）. Den Haag: Martinus Nijhoff.

James, W.(1884). The Dilemma of Determinism. In *The Writings of William James: A Comprehensive Edition.* New York: Modern Library.

Kant, I. (1968). *Prolegomena zu einer jeden künftigen Metap hysik, die als Wissenschaft wird auftreten können.* In *Gesammelten Schriften* (Akademie - Ausgabe, Bd. IV).

Luhmann, N. (1986). Die Lebenswelt - nach Rückspra che mit Phänomenologen . *Archiv für Rechtes- und Sozialphilos ophie, 72,*S. 176-194.

Embree, L.(1991). Notes on the specification of meaning in Schütz, In *Human Studies, 14*(2), 207-218.

——(Ed.).(1996). *Alfred Schütz's "Sociological Aspect of Literature ".* Dordrecht, Boston, London: Kluwer Academic Publishers.

——(1988) . Schütz ' s phenomenology of the practical world', In E. List & I. Srubar (Hrsg.), *Alfred Schütz: Neue Beiträge zur Rezeption seines Werkes.*Amsterdam.

List, E.(1988). Wissenschaft als Lebenswelt . In E. List & I. Srubar (Hrsg.), *Alfred Schütz : Neue Beitraege zur Rezeption seines Werkes.* Amsterdam.

Mall, R. A.(1995) . *Philosophie im Vergleich der Kulturen: Interkulturelle Philosophie – Eine neue Orientierung.* Darmstadt:

Wissenschaftliche Buchgesellschaft.

McDuffie, M.(1998). Literature, Music, and the Mutual Tuning -in Relationship. In L.Embree (Ed.), *Alfred Schütz's "Sociological Aspect of Literature"*. Dordrecht,Boston,London:Kluwer Academic Publishers.

McCulloch, G.(1994). *Using Sartre: an Analytical Introducti on to Early Sartrean Theme.* London: Routledge.

Merleau-Ponty, M. (1962) . *Phenomenology of Perception, tr.Colin Smith.* London: Routledge & Kegan Paul.

——(1986). *The Visible and the Invisible* (A. Lingis, Trans.). Evanston: Northwestern University Press.

——(1986). *Das Sichtbare und das Unsichtbare.* München: Wilhelm Fink Verlag.

Natanson, M.(1986). *Anonymity: A Study in the Philosophy of Alfred Schütz.* Bloomington: Indiana University Press.

——(1951). *A Critique of Jean-Paul Sartre's Ontology*, Lincoln: The University of Nebraska.

——(1981). The Problem of Others in *Being and Nothingness.* In P. A. Schilpp (Ed.), *The Philosophy of Jean-Paul Sartre.* LaSalle, Illinois: Open Court Publishing Company.

Olschanski, R. (1997). *Phänomenologie der Mißachtung: Studien zum*

Intersubjektivitätsdenken JeanßPaul Sartres. Bodenheim: Syndikat Buchgesellschaft.

Psathas, G., & Waksler, F. C. (1973). Essential features of face -to-face Interactions . In G. Psathes(Ed.), *Phenomenological Sociology: Issues and Applications*. New York, London, Sydney, Toronto: John Wiley & Sons.

Richard G. (1989). *Milieu und Lebenswelt*. Frankfurt a.M.:Suhrkamp.

Steinbock, A. J. (1995). *Home and Beyond: Generative Phenomenology after Husserl*. Evanston: Northwestern University Press.

Sartre, J.-P. (1957). *Being and Nothingness* (H. Barnes, Trans.)London: Methuen & Co. LTD.

——(1960). *The Transcendence of the Ego: An Existentialist Theory of Consciousness* (F. Williams & R. Kirkpatrick, Trans.). New York: Hill and Wang.

Schulz, W. (1981). Freiheit und Unfreiheit. In *Vernunft und Freiheit*. Stuttgart: Reclam.

Schütz, A., & Gurwitsch, A. (1985). *Briefwechsel: 1939-1959(Hrsg. von R. Grathoff)*. München.

Schütz, A., & Luckmann, T. (1979). *Strukturen der Lebenswelt* (Bd. I). Frankfurt a. M. : Suhrkamp.

——(1990). *Strukturen der Lebenswelt* (Bd. II). Frankfurt am Main:Suhrkamp.

Srubar, I. (1987). *Kosmion: Die Genese der pragmatischen Lebenswelttheorie von Alfred Schütz und ihr anthropologischer Hintergrund.* Frankfurt a.M.:Suhrkamp.

Schütz, A. (1962). *Collected papers* (Vol. I). The Hague: Martinus Nijhoff.

——(1971). *Gesammelte Aufsätze* (Bd. I)*: Das Problem der sozialen Wirklichkeit.* Den Haag: Martinus Nijhoff.

——(1962). *Collected papers* (Vol. II). The Hague: Martinus Nijhoff.

——(1971) .*Gesammelte Aufsätze* (Bd. II)*: Studien zur soziologischen Theorie* (Hrsg. von A. Brodersen). Den Haag: Martinus Nijhoff.

——(1966). *Collected Papers*(Vol. II). The Hague.

——(1971).*Gesammelte Aufsätze*(Bd. III):*Studien zur Phänomenologischen Philosophie* (Hrsg. von A. von Baeyer). Den Haag.

——(1971). *Das Problem der Relevanz* （Hrsg. von Richard M. Zaner）. Frankfurt a. M. : Suhrkamp.

——(1977). Husserl and his Influence on me, ed. by Lester Embree, Annuals of Phenomenological Sociology (Vol. II,

41-44).

——(1991). *Der sinnhafte Aufbau der sozialen Welt: Eine Einleitung in die verstehende Soziologie* (1932). Frankfurt a. M.: Suhrkamp.

——(1936). *Das Problem der Personalität* (1936). unpublished.

——(1977). Husserl and His Influence on Me, In *The Annals of Phenomenological Sociology* (Vol. II).

——(1962). *Sartre's Theory of the Alter Ego,* In *Collected Papers* (Vol. I). The Hague: Martinus Nijhoff.

——(1964).Making Music Together: A Study in Socia Relationship. In *Collected Papers* (Vol. II). The Hague: Martinus Nijhoff.

Steinbock, A. J. (1995). *Home and Beyond: Generative Phenomenology after Husserl.* Evanston: Northwestern University Press.

Taylor, C. (1994).The Politics of Recognition, In A. Gutmann (Ed.), *Multiculturalism: Examining the Politics of Recognition.*Princeton University Press.

Thomason, B. C. (1982) *Making Sense ofReification: Alfred Schütz and Constructionist Theory.* London and Basingstoke: The Macmillan Press.

Tani, T.(1996).Heimat und das Fremde, In *HusserlStudies*, *9*,199-216.

Wagner, H. R. (1983). *Alfred Schütz: An Intellectual Bibliography.* Chicago and London: The University of Chicago Press.

——(1984). Schütz's Critical Dialogue with Edmund Husserl. In *Human Studies*, *I*, 179-199.

Waldenfels B. (1985). *In den Netzen der Lebenswelt.* Frankfurt/M.: Suhrkamp.

——(1995). *Deutsch-Französische Gedankengänge.* Frankfurt/M.:Suhrkamp.

——(1993). Verschränkung von Heimwelt und Lebenswelt. In R. A. Mall & D. Lohmar (Hrsg.), *Philosophische Grundlage der Interkulturalität*(Studien zur interkulturellen Philosophie, Bd. I).

——(1997). *Topographie des Fremden: Studien zur Phänomenologie des FremdenI.* Frankfurt am Main: Suhrkamp.

——(1989). *Erfahrung des Fremden in Husserls Phänomenologie.* In W.Orth(Hrsg.) , *Profile der Phänomenologie: Zum 50. Totestag von Edmund Husserl.* Freiburg (Br.)/München: Alber.

——(1994). *Antwortregister.* Frankfurt am Main: Suhrkamp.

——(1998).*Grenzen der Normalisierung: Studien zur Phänomenologie des Fremden II.* Frankfurt am Main: Suhrkamp.

——(1980). *Der Spielraum des Verhaltens.* Frankfurt am Main:

Suhrkamp Verlag.

——(1999). *Sinnesschwellen: Studien zur Phänomenologie des Fremden III.* Frankfurt am Main: Suhrkamp.

——(1999) .*Vielstimmigkeit der Rede: Studien zur Phänomenologie des Fremden IV.* Frankfurt am Main: Suhrkamp.

Weber, M. (1972). *Wirtschaft und Gesellschaft.* Tübingen: J. C. B. Mohr.

Welsch, W. (1999). Transculturality: The Puzzling Form of Cultures Today. In S. Lash & M. Featherstone (Eds.), *Spaces of Culture: City, Nation, World.* London: Sage.

Yamaguchi, I.(1982). *Passive Synthesis und Intersubjektivität bei Edmund Husserl.* Den Haag: Martinus Nijhoff.

Yu, C-C. (1999). Schütz on Lifeworld and Cultural Difference. In L.Embree (Ed.), *Schützian Social Science.* Dordrecht: Kluwer Academic Publishers.